천재 요리 소녀의 등장

1

요리스타 청

요리스타 청 ❶

1판 1쇄 발행 | 2013. 11. 19.
1판 10쇄 발행 2024. 1. 10.

조재호 글 | 은하수 그림 | 요리조리스쿨 기획 | 정혜정 요리 감수

발행처 김영사 | 발행인 고세규
디자인 김민혜
등록번호 제 406-2003-036호 | 등록일자 1979. 5. 17.
주소 경기도 파주시 문발로 197(우-10881)
전화 마케팅부 031-955-3100 | 편집부 031-955-3113~20 | 팩스 031-955-3111

값은 표지에 있습니다.
ISBN 978-89-349-6527-5 17590
ISBN 978-89-349-6526-8 (세트)

좋은 독자가 좋은 책을 만듭니다. 김영사는 독자 여러분의 의견에 항상 귀 기울이고 있습니다.
전자우편 book@gimmyoung.com | 홈페이지 www.gimmyoungjr.com

어린이제품 안전특별법에 의한 표시사항

제품명 도서 제조년월일 2024년 1월 10일 제조사명 김영사 주소 10881 경기도 파주시 문발로 197
전화번호 031-955-3100 제조국명 대한민국 ⚠️주의 책 모서리에 찍히거나 책장에 베이지 않게 조심하세요.

1 천재 요리 소녀의 등장

요리스타 청

조재호 글 | 은하수 그림
요리조리스쿨 기획

주니어김영사

신나고 바른 식문화를 위해

안녕하세요, 독자 여러분? 《요리스타 청》의 스토리를 맡고 있는 만화가 조재
호와 그림을 그리고 있는 만화가 은하수입니다.

저희는 함께 만화를 그리고 있는 동료인 동시에 두 아이를 키우고 있는 부부이
기도 합니다. 저희 아이들도 《요리스타 청》을 보고 있는 여러분과 비슷한 또래들
이에요. 아이들을 키우면서 가장 신경 쓰이는 것 중 하나가 바로 음식입니다. 음
식은 아이들의 건강과 성장에 직결되는 문제인 데다가 최근 유전자 조작 식품이
다, 방사능 해산물이다 해서 식재료에 대한 흉흉한 이야기들이 워낙 많다 보니
부모로서 자연스레 관심이 갈 수밖에 없지요. 되도록이면 믿을 수 있는 재료를
직접 골라 집에서 제대로 만든 음식만 먹이고 싶지만 그게 생각처럼 쉬운 일은
아닙니다. 각종 패스트푸드와 인스턴트식품들의 광고를 보고 있노라면 어른들도
그 달콤한 유혹을 이겨 내기 힘든데 아이들은 오죽하겠어요? 그래서 저희는 음
식에 대해 본격적으로 알아보기로 결심했습니다. 인스턴트식품들이 나쁘다면 왜
나쁜지, 꼭 먹어야 한다면 슬기롭게 먹는 방법은 무엇인지에서부터 아이들의 건
강은 물론, 입맛까지 챙겨 줄 수 있는 좋은 먹거리와 바른 조리법에 대해 고민하

기 시작한 것이지요. 그리고 그러한 고민의 결과를 독자 여러분과 나누어야겠다는 결심에서 시작하게 된 만화가 바로 《요리스타 청》입니다.

저희 부부는 예전에 요리 학원을 잠깐 다닌 적이 있지만 그것만으로는 요리 만화를 그리는 데 부족함이 많았습니다. 이를 극복하기 위해 시중에 나온 요리 관련 서적들을 열심히 본 것은 물론이거니와 평소에 안 먹던 음식들도 열심히 먹어 보았습니다. 여러 전문가들의 도움도 받았지요. 동아사이언스의 과학 전문 기자들과 함께 요리와 관련된 과학 지식들을 익히기도 했고, 요리 학교의 선생님들로부터 조언도 구했습니다. 또한 현장에서 요리를 익히는 학생들의 모습을 놓치지 않기 위해 요리 학교 학생들을 인터뷰하고, 학생들이 실습하는 모습도 스케치했습니다.

《요리스타 청》은 독자 여러분에게 단순히 '음식은 무조건 골고루 먹어야 하고, 불량식품은 절대 먹어선 안 돼!'라고 강요하는 만화가 아닙니다. 우리 주인공 청이의 좌충우돌 흥미진진한 학교생활을 즐기면서 만화에 나오는 멋진 요리들을 감상하다 보면 자신도 모르는 사이에 음식이 왜 소중한지, 우리는 어떤 음식을 어떻게 먹고 살아야 하는지 자연스럽게 깨닫게 될 거예요.

만화가 조재호·은하수

등장인물 소개

청이

조선 시대 궁궐에서 일하는 생각시. 갑자기 어머니가 미각을 잃자 그 입맛을 되돌릴 수 있는 비법을 배우기 위해 궁녀가 되었다. 뜻하지 않은 사고로 인해 현대 세계로 넘어오게 된다.

특징 : 냄새만 맡아도 재료를 알아맞힐 수 있는 절대 후각

한울

국제조리영재학교 5학년에 재학 중인 꽃미남 학생. 한정식 식당 수라간의 손자답게 요리 실력이 뛰어나고 외모도 범상치 않아 'A클래스'로 통한다. 학교에서는 의젓한 인기남이지만 청이 앞에서는 개구쟁이 도련님으로 돌변한다.

특징 : 잘생긴 외모와 뛰어난 요리 실력

이말녀 여사

한정식 식당 수라간의 주인이자 한울의 할머니. 소시지, 햄, 통조림 등 즉석식품으로 만든 패스트푸드와 정크 푸드를 거부하고 된장, 청국장 등을 이용한 우리나라 음식의 전통을 이어 나가기 위해 애쓰고 있다.

특징 : 식당에서 파리만 날리게 만드는 걸쭉한 욕

피에르 권

인기 레스토랑 울라불라의 주방장. 세계적인 요리 대회인 월드 마스터 쉐프의 우승자이기도 하다. 어린 아이 같은 외모를 하고 있지만 진정한 나이는 알려지지 않았다. 아무도 모르는 과거를 숨기고 사는 의문의 사나이.

특징 : 모든 사람을 홀리는 악마의 소스 개발자

韓食

차 례

제1화
두근두근
수라간 엿보기

꾸벅
꾸벅

달그락

텅

웨…,
웬 놈이냐!

야옹

휴~우,
고양이였구나.
예끼, 이 녀석!
썩 물러가라!

눈치채지
못했겠지?

응. 이제
그만 떨고 눈을
떠 봐, 미소야.

우아~!

쉿! 조용. 소리치면 어떡하니?

턱

아차!

이곳은 놋그릇들이 많아서 그런지 달빛이 비치니까 대낮처럼 밝구나?

그렇지?

이곳이 바로 임금님과 마마님들의 음식을 만드는 조선 최고의 주방, 수라간이야.

지금은 내가 비록 마늘만 까고 있지만, 언젠가는 꼭 이곳의 주인이 되고 말 테야.

꼬옥

우왝~. 아직도 손에서 마늘 냄새가 난다.

이것 봐, 청아. 은수저야.

쿵

쿵

정말이네? 어디 있었어?

저기 많아. 그런데 너…,

임금님과 마마님들이 왜 은수저로만 식사를 하시는지 아니?

돈이 많으시잖아. 헤헤~.

그럼 금수저로 드셔야지~.

그러네?

요리조리 과학 이야기

은수저 상식 ① 조선 시대 임금님의 수라상에는 은수저가 있었다고 한다. 임금님은 늘 독살당할 위험에 처해 있었기 때문에 식사 전에 먼저 음식 맛을 보는 기미 상궁을 시켜 은수저가 검게 변하는지 확인했다.

은수저 상식 ② 은과 '비상'이 만나면 화학 반응이 일어나 검은색 황화은이 생성된다. 비상은 조금만 섭취해도 심각한 중독 증상을 일으켜 사망에 이르게 하는 독약이다.

$$Ag_{(은)} + S_{(비상)} = 2Ag^+ + S^{2-}$$

은수저 상식 ③ 황화은 때문에 검게 변한 은수저는 립스틱으로 닦으면 다시 빛난다. 검게 변색된 은수저에 립스틱을 바른 뒤 부드러운 천으로 닦아 내면 된다.

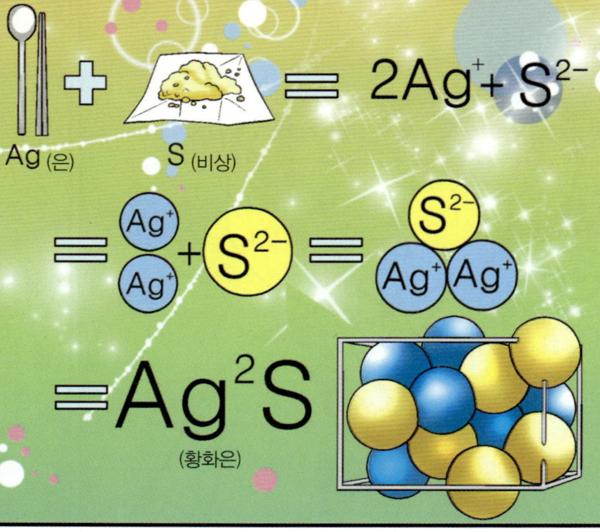

$$= Ag^+ + Ag^+ + S^{2-} = S^{2-} + Ag^+ + Ag^+$$

$$= Ag_2S \text{ (황화은)}$$

매일 맛있는 음식에 은수저로만 식사를 하신다기에 부러웠는데…, 임금님도 다 좋은 건 아니구나.

그런데 청아, 궁금한 게 있는데~. 넌 왜 궁에 들어왔니? 난 사실 오기 싫었거든….

……

우리 집안에선 여자아이가 태어나면 하나는 당연히 궁에 보내는 전통이 있어.

언니들이 미뤄서 들어오긴 했지만…, 다시 집에 돌아가고 싶어~.

아! 보고 싶다. 대추나뭇집 막내 도련님~.

그렇구나…. 난~.

사람들이 음식을 먹고 행복해 하는 모습을 보면 기분이 정말 좋아.

뭐? 네가 먹는 게 아닌데도 기분이 좋다고?

응~.

그런데…, 우리 집은 행복하지 않아.

더 이상 웃을 수가 없게 됐거든.

아니, 왜?

어찌된 연유인지는 모르겠지만…, 어머니가 미각을 잃으셨어.

어떤 맛나는 음식을 드셔도 맛을 느끼지 못하셔….

朝鮮料理要錄

궁녀가 되어서 수라간
최고 상궁이 되면 궁에서만
전해지는 음식 비법책을
볼 수 있대.

그 비법책에는
죽은 사람의 미각까지
되살릴 수 있는 음식을
만드는 방법이 적혀
있다고 하더라고~.
그래서 궁에
들어온 거야.

그런데 어느 날
나이가 들어서
궁을 떠난 궁녀가
우리 집에 들렀는데…,
우리 어머니 사정을
듣고 이르시길,

서…, 설마.
그런 게
있을까?

그리고 청아,
한 번 궁녀가
되면 궁에서
나가기
힘들대~.

알아. 하지만
음식을 전해
드릴 방도는
있을 거야.

참 효녀구나….

그런 건
아니고….

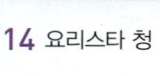

밤이 늦었다. 이만 가자~.

훈육 상궁님께서 아시면 경을 치실 거야.

그래♫

텅 텅 텅

상궁님, 문이 안으로 잠겨 있습니다.

뭣이? 그럴 리가!

맞사옵니다.

분명 누군가 안에서 문을 잠갔습니다.

뭬야?

덜컥

덜컥

웬 놈들이냐?

어서 문을 열지 못할까? 이곳이 어디라고?

드…, 들켰다.

안 돼!

잡히면 궁에서 쫓겨날 거야.

난 꼭 어머니께 맛있는 음식을 해 드려서 잃은 미각을 살려야 해.

콰앙

감히 주상전하의 음식을 만드는 곳에 허락도 없이 들어오다니! 누구든….

털썩

용서치 않겠다!

휙

불을 비춰 보거라!

앗! 저기 있습니다, 상궁님.

꼬물 꼬물

그럼 어서 잡아라. 소리칠 시간이 어디 있느냐!

아니, 이 녀석이?

뻐엉

크악!

절대 놓치지 마라!

수라간 뒷편이다!

어서 따라와, 미소야.

으아앙~. 너무 무서워서 다리에 힘이 없어.

너라도 어서 도망쳐, 청아~.

탁 탁

그건 안 돼!

***내금위** : 조선 시대에, 임금을 호위하던 군대.

간장.

고추장.

앗, 빈 독이다! 그것도 두 개나. 만세~!

휙

쏘옥

이 녀석들이 어디 갔지?

놓치지 마라. 멀리 못 갔다! 반드시 잡아야 한다.

상궁님, 없어요!

귀신이 곡할 노릇이네…. 사라졌습니다!

덜 덜 덜

분명히 어린 생각시*들 이었는데!

그럴 리가….

후훗. 내가 궁에서 살아온 세월만 30년이다.

궁에서 빠져나간 게 아니면 숨을 곳은 이곳밖에 없다.

쿵 쿵

장고에 있는 독을 모두 열어라!

＊**생각시** : 성년식인 관례 전의 소녀 나인. 지밀·침방·수방 소속의 견습나인에 한정된다.

할머니
언제 와?

김 씨 할머니
집에서 저녁까지
먹고 갈 건데, 왜?
혼자 있으니
무섭냐?

덜
덜
덜

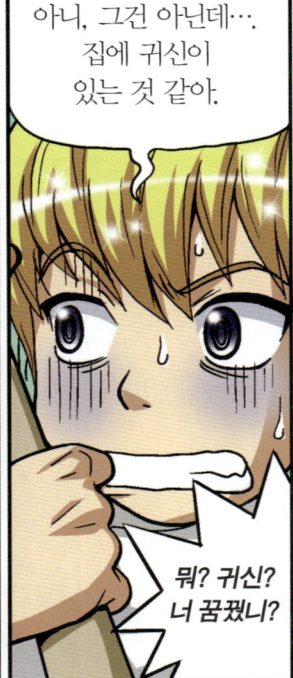

아니, 그건 아닌데….
집에 귀신이
있는 것 같아.

뭐? 귀신?
너 꿈꿨니?

조금 전에…,
비가 올 것 같아서
할머니가 시킨 대로
장독 뚜껑을
닫으러 갔는데….

귀신이
나왔어.

히히히히

꼬르륵

어디서 귀신이 나왔다고?

있잖아. 할머니가 좋아하는 500년 된 간장독.

저기~저기

뭐?

아아아아아아~.

도…, 도련님. 물 좀 주세요! 머리가 너무 어지러워요.

히익

크악! 귀신이 또 나타났다!

풀 썩

엥?

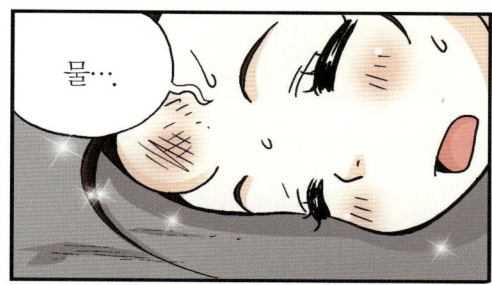

물….

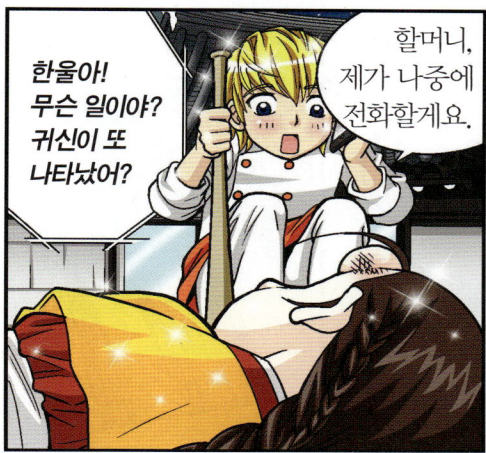

한울아! 무슨 일이야? 귀신이 또 나타났어?

할머니, 제가 나중에 전화할게요.

귀신이 아니잖아?

어린 애네… 여자아이.

뽁

뽁

천지신명님,
도와주세요.

여기가
어딘가요?
전 생각시 숙소로
돌아가야 해요.

어머머,
이게 뭐지?

무슨 짓이옵니까,
도련님?

남녀칠세부동석.
남녀가 유별한데 어찌
아녀자의 몸에 함부로
손을 올리십니까?

이러시면 정말
아니되옵니다.

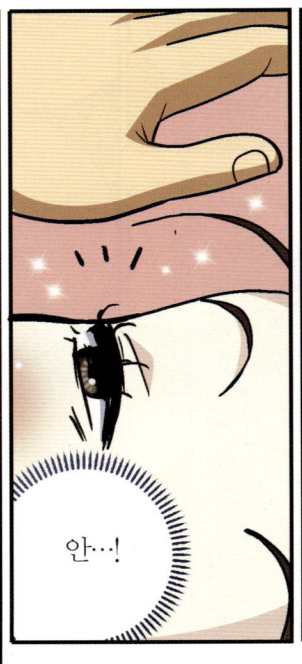

안…!

열은 없어, 할머니.
장독 뚜껑에
맞아서 잠깐
기절한 것 같아.

응.
빨리 와.

탁

파 악

도망쳐야 해.

빨리!

두리번 두리번

이건 분명 어머니가 말씀하셨던 보쌈 이야기랑 같아.

나처럼 예쁜 여자애가 있으면 몰래 보자기로 싸서 도망친 후,

으헤헤헤

결혼해!

안 해!

히익!

새…, 새가 머리만 있네!

헉헉

꾸욱

닥쳐라,
네 이놈!

짐이 너를
용서치
않으리라!

저…, 전하.

전 그저 수라간이
보고 싶어서 한번
둘러본 것 뿐이옵니다.

죽을 죄를
지었사옵니다.

아니옵니다.

탁 탁

탁 탁

어허~!
이놈이
아직도!

넙 죽

왕장의 거울이
일월* 처럼 밝거늘,
어디서 말을
꾸미려느냐!

*일월(日月) : 해와 달.

야채는 다 됐고,

고기가 없네.

듬뿍 듬뿍

톡 톡

그래. 할머니가 오시려면 멀었으니까!

맛만 한 번 보는 거야. 모르시겠지?

SPONG
ESS SODIUM

우아~, 냄새가 끝내준다.

할머니는 왜 이런 음식을 안 좋아 하시는 거지?

쿵쿵..

이 세상에서 가장 맛있는 건~♬

햄~, 햄~, 햄~♬ 아니야. 소시지~, 소시지~♬

치이익

우오오~. 스멜~♬

짐은 공들을 위해 관용봉과 조칙의 죽음을 생각하여…

덜덜덜

군신이 서로 온전하게 지켜 주면, 어찌 좋지 않겠는가?

?

소…, 송구하옵니다, 전하. 무슨 말씀이신지…?

전 수라간에 간 일밖에 없는데요.

끼이익

어? 일어났네?

너 밥 먹을래?

아, 시끄러!

무엄하오!
어느
안전에서
큰소리를!

너! 얘기 좀
해 봐.

우리 집 장독에는
왜 들어가 있었어?

더듬 더듬

전하, 어디로
가셨사옵니까!

너 드라마
정말
좋아하는구나?

하긴 여자들이
다 그래. 우리
할머니도 엄청
좋아하셔.

흑흑흑.

어머니의 미각을
살리기 위해서는
꼭 다시 수라간으로
가야 하는데….

야, 꼬맹이!
빨리 와서 먹어.

식으면 맛없어.
나 혼자
다 먹는다!

이제 보니
너…,
개코구나?

쿵
쿵

너 사는 데
피곤하겠다~.

어떻게
알았어?

개코라니?
이 도련님이
진짜!

개코

개코

퍽

아야!

이런 거 먹지
말라고 했지?

그리고 굳이 먹으려면
끓는 물에 잠시 데쳤다가
먹으라고!

하…,
할머니~.

이건 통조림 햄이라고 하지요. 정식 명칭은 프레스 햄입니다.

고기를 갈아서 눌러 철 그릇에 집어넣은 것이지요.

그리고 빛깔이 분홍인 이유는 고기에 '아질산나트륨'을 넣었기 때문입니다.

아질산나트륨 화학식

$$O = N^+ \quad Na^+$$
$$^-O \qquad O^-$$

그런데 이 아질산나트륨은 식품 첨가물 중에서 큰 논란이 되고 있는 물질입니다.

아질산나트륨이 우리 몸에 들어오면 '니트로소아민'이라는 물질로 바뀌게 되는데, 이것이 위암을 유발할 수 있다는 연구 결과가 있지요.

들어가기만 해도 고기가 갓 잡은 듯 분홍색으로 변하죠.

이걸 넣지 않으면 시간이 지날수록 고기가 원래 색인 검붉은 색으로 변해서 상품 가치가 떨어지지요.

식품의약품안전청 기준 하루 허용량 체중 1㎏당 0.07㎎.

※몸무게 30㎏인 어린이가 큰 사이즈의 캔 햄(340g)을 한 개 먹으면 하루 허용량을 넘길 수 있다.

고기는 시간이 지날수록 검붉게 변한다.

그래서 독일에서는 1970년대부터 사용하지 않고 있습니다. 특히 어린이에게 더 위험하지요.

그…, 그런 나쁜 음식을 왜 먹지요?

그 맛에 길들여졌기 때문이지요.

그래도 굳이 먹으려면 몇 가지를 지켜야 합니다.

특히 너, 잘 들어!

왜요!

어린이잖아! 어린이가 더 위험해!

가공식품 상식 ❶
슬라이스 햄은 80℃ 물에 1분 이상 담가 둔다.

60sec

가공식품 상식 ❷
비엔나 소시지는 칼집을 낸 다음 뜨거운 물에 데쳐 낸다.

가공식품 상식 ❸
어묵이나 맛살도 끓는 물에 데쳐 낸다.

가공식품 상식 ❹
캔에 든 햄은 윗부분의 노란 기름 부위를 잘라 내고 요리한다.

앗, 그건 그거고.

마마님.

네?

마마님?

어서오십시오. 오랫동안 기다렸습니다.

척

앗

할머니, 뭐야? 갑자기 애한테 왜 큰절을 해?

이 녀석! 너도 어서 엎드려서 큰절을 해.

왜요?

수라간에서 오신 큰상궁님이시다.

손자 녀석의 무례함을 용서해 주십시오.

제 어머님 대부터 마마님을 기다렸습니다.

저…, 저기 할머니.

전 수라간 상궁이 아닌데요?

네? 그럼….

수라간 막내일 뿐인데….

뭐야?

제2화

궁궐을 찾아 주세요!

지금 새…, 생각시라고…. 말씀하시는 겁니까?

맞습니다.

연세는?

10살.

아이고, 머리야….

할머니.

휘청

어?

수십 년간 내가 얼마나 지극정성으로 독 앞에서 기도를 드렸는데….

수라간 마마님은 안 오시고, 이런 혹이 들어오다니!

에라이 우라늄 삐리리!

삐리리리, 썩을 삐리리리!

어떻게 저렇게 심한 말씀을?

생각시가 뭐냐?

놀라지 마! 너한테만 그러시는 게 아니니까. 우리 할머니는 이 동네에서 유명한 욕쟁이 할머니셔.

우리 식당 특징이지.

욕을 먹는데 밥이 넘어가요?

예에? 정말요?

그럼 저 애가 300년 전 조선 시대 수라간에서 왔다고요?

아마도.

그러니까 저 500년 묵은 장독이 조선 시대로 통하는 통로…

타임머신? 시간 여행이 가능하다는 뜻이잖아요?

쉿! 조용히 하거라. 누가 들으면 어떡하려고!

척척척

저 잠깐 다녀올게요.

어딜?

조선 시대로 가서 훈민정음 해례* 본하고 이순신 장군님 칼, 그리고 동양화 좀 사 올게요. 그럼 부자가 되겠죠?

빡

메주

이제 더 이상 힘들게 식당 일 안 하셔도…!

꽥!

뗵! 그런 데 쓰라고 있는 줄 알아? 다신 얼씬도 하지 마라!

치이~.

어서 가서 생각시나 불러 와!

아침밥 먹게.

흥. 할머니 몰래 갔다 올 거야!

텅

앗, 할머니! 생각시가 없어요!

뭐야?

혹시 조선 시대로 돌아간 게 아닐까요?

그럴 리가 없다. 시간의 문은 개기 월식*이 일어나는 날에 잠시 열릴 뿐이야.

!

다른 시간에는 갈 수가 없다.

*해례 : 보기를 들어서 풀이함.
*개기 월식 : 달이 지구의 그림자에 완전히 가려 태양 빛을 받지 못하고 어둡게 보이는 현상.

할머니, 여기 편지가 있는데?

꾸벅

전 궁에 급한 일이 있어서...이만 너무 이른 시간이라 문안 인사 못 드리고 떠납니다.

애 뭐야? 여기가 아직 조선 시대라고 생각하나 봐요~.

가서 찾아야겠죠, 할머니?

음…. 그래. 어서 찾아야겠다!

빵 빵 빵 빵

저기…. 여보시오, 선비님.

궁으로 가려면 어떻게 가야 하나요?

궁? 덕수궁이나 경복궁 말하는 거니?

예, 맞사옵니다.

가려면 먼데… 여긴 전주니까~.

고속버스를 타든지, KTX를 타고 가야지.

케이… 그것이 마차 이름이옵니까?

웃긴 아이네~.

탁 타 탁

생각시!

꼬맹아, 어딨니?

아직 못 찾았니?

네!

할미는 역전에 가 볼 테니 넌 근처를 계속 찾거라.

하아

학

생각시!

조
독
발

생각시!

하아~! 이제는 날 부르는 헛소리가 다 들리는구나….

어젯밤부터 아무것도 먹질 못해서 걸을 힘조차 없어.

꼬르륵

꼬르륵

풀썩

아! 어머니, 저는 이제 어떻게 해야 하나요?

흑흑

배고파…. 응?

벌름 벌름

이 냄새는?

고추장을 묻힌….

가래떡과,

멸치에 마른 새우를 넣은 육수, 다시마 조금,

양배추에 물엿,

간장을 넣은 음식이구나!

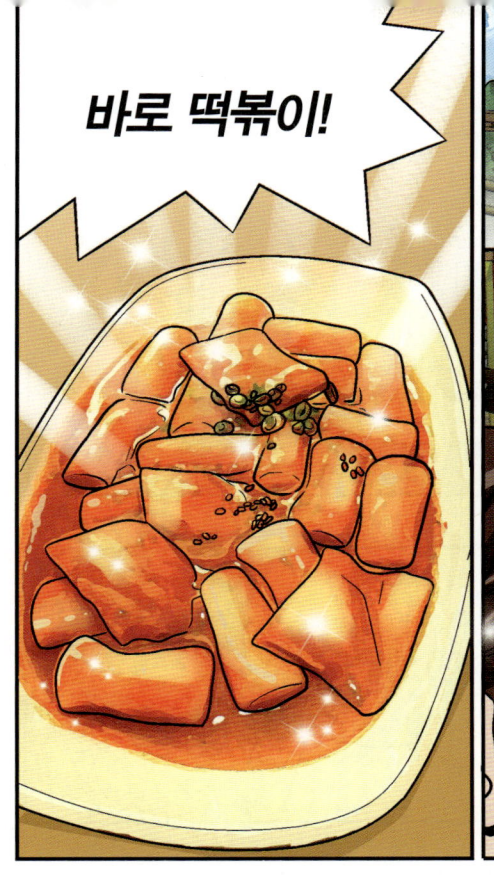

바로 떡볶이!

빙고~♬

배고프지?
귀여운
꼬마 아가씨~.

내가
떡볶이 줄까?

으히히히~.

예?

그리고 아까부터
지켜보고 있었는데,
궁에 가고 싶다고?

내가 궁궐에 가는
길을 아주 잘 알고
있는데~.

정말,
정말요?

쩝 쩝..

아직 다 못 먹었니?

네, 너무 매워서요~.

이런, 우리 꼬마 아가씨가 아직 매운 걸 잘 못 드시네?

떡볶이는 매운맛으로 먹는 거란다. 우히히.

난 세상에서 매운맛을 가장 좋아해.

선비님, 매운맛은 맛이 아니랍니다.

사실 혀가 아파서 느끼는 고통이지요.

'떫은맛'도 마찬가지고요.

그래?

요리조리 과학 이야기

미각은 오감 중 하나로, 음식, 무기물, 독극물 등의 맛을 느끼는 능력이다. 인간은 혀의 표면에 있는 미뢰라는 감각 기관을 통해 맛을 느낀다.

미뢰의 분포

- 후두덮개
- 혀편도
- 혀뿌리
- 성곽유두
- 잎새유두
- 버섯유두
- 혀몸통
- 혀정중고랑
- 실유두

미뢰의 구조

- 미공
- 미각신경
- 지지세포
- 미각세포

맛 식별 구조

- 대뇌피질의 미각영역 (맛 인식)
- 편도체(음식물 가치판단)
- 시상(음식물 정보 전달)
- 전두 연합영역 (음식물 판단)
- 고속핵(음식물 정보 전달)

우리가 느낄 수 있는 기본적인 맛에는 단맛, 쓴맛, 신맛, 짠맛, 감칠맛 다섯 가지가 있다. 즉, '포도맛'이나 '사과맛' 같은 것은 맛이 아니라 코의 후각상피에서 느끼는 향이다.
또 '매운맛'이나 '떫은맛'은 촉각이다.

그리고 우리는 맛을 잘 느끼는 사람에게 '절대 미각'이 있다고 하는데,

사실 절대 미각이 있는 사람은 미각보다는 후각이 뛰어난 경우가 많아요. 음식을 맛볼 때는 그 향도 함께 느끼게 되죠.

그래서 음식 맛은 미각과 후각이 함께 느끼는 거랍니다. 실제로 코를 막고 음식을 먹으면 훨씬 맛이 없어요.

보통 사람은 약 100개 정도의 냄새를 구별할 수 있지요.

참 나…. 떡볶이 다 먹었냐?

네. 잘 먹었습니다. 어서 궁에 가요.

어머머?

자…, 잠깐만요. 선비님!

다른 선비님이 마차를 타고 가야 한다고 하셨는데….

어느 멍청이가 그래?

!

그 손 놓지 못해?

어서!

앗!

주막집 도련님?

⋯.

퍽

싫은데?

으악, 내 코! 코피 난다!

어디서 조그만 게 어른한테 반말이냐!

도련님.

너도 빨리 와!

이이⋯.

꼬

악

어서 도망쳐!
생각시.

이 사람
나쁜 사람
이야!

빨리!

아니,
이 녀석이?

이거
안 놔?

팍!

팍팍!

죽어도
못 놓지!

나쁜…,
사람?
그럼
도련님은…

나를
지켜 주는
좋은 사람?

엄마, 아빠도
아닌데…

이이이~,
용서 못 해!

우리 도련님은
내가
지킨다!

크

아

네에?

지금이 300년이나 지난 미래의 조선이라고요?

응….

그리고 이제 조선이라는 나라는 없어.

착

짝 짝 짝 짝 짝

지금은 대한민국이야.

따라해 봐. 대~한~민~국!

짝짝.

그건 아니야. 시간의 문은 개기 월식이 일어날 때 장독에서 열린대.

다음 개기 월식은 2년 뒤에나 볼 수 있대.

2년?

아니되옵니다. 저는 지금 당장 돌아가야 해요.

왜 그러니?

저기 도련님. 그럼 저는,

영영 궁으로 돌아갈 수 없는 건가요?

미각을 잃은 어머니가 하루에 밥 한 공기도 못 드시고 계셔요.

흑 흑 흑··

어머니, 이 불효자를
용서해 주세요.

이런,
큰일이구나···.

그러게 왜
가지 말라는
수라간에 가서
일을 키웠어!

바보 같으니라고.
울어도 이제
소용없다.

넌 앞으로 우리랑
최소 2년은 같이
살아야 해.

훌쩍

훌쩍

할머니,
바보라니요!

어서 나와서
밥 먹어라.

뚝 그치지
못할까?

우는 애한테는
밥 안 준다!

보글   보글

!
쿵 쿵
아우 냄새!
청국장이잖아?
안 먹어!
뭐야,
이놈아? 빨리
먹어. 한 대 콱!
오늘 학교 개학이란
말이야~. 옷에서
냄새나잖아요.
청국장
냄새가 뭐
어때서?
으으….
할머니하고는 정말
말이 안 통해.
넌 아직도
울고 있어?
굶고 싶으냐?
뚝 그치지
못해?
뚝
주르르
죄송하옵니다,
할머님. 저는 그만
울고 싶은데….
담북장을 맛보니
어머님 생각이 나서
자꾸 눈물이 납니다.
담북장!
어떻게 알았지?
난 청국장을
끓인 건데, 어찌 넌
담북장이라고
생각하느냐?
예?

저는….
제 입에서는….

씹을 때
담북장 맛이 났는데….
어찌 담북장이라
생각했느냐 하시면….
그냥 담북장 맛이 나서 담북장이라
생각한 것이온데….

오 나라 오 나라 아주 오 나
가다라 아주 가나
사다라

헉!

어디서 많이 듣던
대사인데….
대장금!

대장금이요?

저희 어머님께서는
봄이면 항상 담북장을
담그시어 찌개를
끓여 주셨지요.

겨울철에 먹던
청국장과 비슷하지만,
또 다른 맛이옵니다.

같은 된장이라도
담그는 계절에
따라 맛과
부르는 이름이
다르니라.

봄철에
담그는 된장은
담북장과
고기를
찍어 먹는
막장이 있고,

우리 아가,
맛있느냐?

예,
어머님!

호호호. 우리 청이가
이렇듯 정확히 알고
있구나.

여름철에 담그는 된장은 집장과 생황장.

그리고 가을철엔 청태장과 팥장, 마지막으로 겨울에 담그는 된장이 청국장이지.

우리 음식은 거의 모두 간장, 된장, 고추장 등 장류로 간을 맞추고 맛을 내기 때문이란다.

복잡하옵니다. 이렇게까지 할 필요가 있나요?

아!

장맛이 음식 맛을 좌우하기 때문에 장을 으뜸으로 중요하게 생각한단다.

집안의 장맛이 좋지 않으면 좋은 채소나 고기도 소용없고,

고기가 없어도 좋은 장이 있으면 반찬에 아무 걱정이 없지.

된장과 더불어 간장의 맛은 가문의 음식 맛을 좌우한단.

예부터 어른들은 장맛을 보고 며느리를 삼는다는 말도 하셨지.

집안의 장맛이 좋아야 가정이 화목하니, 항상 장맛에 각별히 신경 써야 한다고 말씀하셨습니다.

!

어라? 이것 보게?

이런…. 내가 생각이 짧았구나. 우연이 아닐지도 몰라.

수라간 상궁마마님께 깊은 뜻이 있어서 이 아이를 보낸 거라면?

도련님은 왜 안 드셔요? 이렇게 맛나는데.

너나 다 먹어!

그런데 도련님, 이곳이 주막이라고 하지 않으셨나요?

주막? 아하! 식당 맞아~

수라간

그런데 왜 찾아오는 손님이 하나도 없지요?

할머님께서 욕을 너무 많이 하셔서 그런가요?

뭐?

뜨끔

파리채

꼭 그런 이유는 아니고….

우리 집 앞에 새로 생긴 저 식당 때문에 그래.

활짝

저게
식당이라고요?

전통 한정식

수라간

T.971-88★★★

응. 세계적인 레스토랑
'올라블라' 1호점이야. 양식, 중식,
일식, 한정식까지 없는 게 없대.

맛있나요?

몰라.
나도 한 번도
못 가 봤어.

할머니가
못 가게 해.

왜요?

저 음식점 때문에
우린 망하기
직전이거든.

하지만 그럴수록
더욱 가 봐야지요.
손자병법에도 써
있지 않사옵니까.

그렇구나.

적을 알고 나를 알면 백 번을 싸워도 위태롭지 않다!

얼마나 맛있는지 알아야 이기지요.

그건 그렇지만…. 우리 할머니는 말이 안 통해.

그럼 갔다 와!

이 할미는 얼굴이 너무 알려져 있어서 못 가니,

너희 둘만 다녀오너라.

정말요?

울라불라 음식 맛의 비밀이 무엇인지 알아 오너라. 하나도 빠짐 없이!

!

같은 시간, 울라불라 주방.

양상추 오케이!

양파, 오이 오케이!

바지락 오케이!

좋아.
재료 준비는
모두 끝났나?

예, 쉐프!

월드 마스터 쉐프 우승자
피에르 권.

나이 : (?)

정혜정 선생님의 요리 교실

안녕하세요, 친구들~. 요리 교실에 오신 걸 환영해요. 첫 번째 시간에 소개해 드릴 요리는 '부추호박된장 장떡'이에요. 몸에도 좋고 맛도 좋은 부추와 호박, 된장이 만나 환상의 궁합을 이루는 요리죠. 탄수화물, 무기질, 비타민에 단백질까지 우리 몸에 필요한 영양소가 골고루 들어가 있어요. 고소한 감칠맛도 끝내준답니다. 어렵지 않은 요리니 여러분도 한번 따라해 보세요~.

－정혜정(전주 국제한식조리학교 교장)

부추호박된장 장떡 만들기

재료 부추 50g, 호박 70g, 밀가루 3/4컵, 물 1/2컵, 된장 1큰술, 식용유 조금.

❶ 부추는 약 5㎝ 길이로 자르고, 호박은 약 0.5㎝ 두께로 채썰기를 한다.

❷ 밀가루에 물과 된장을 넣고 잘 섞는다. 그 다음 부추와 호박도 넣고 골고루 섞는다.

❸ 팬을 가열한 다음 식용유를 두르고 재료를 한 스푼 정도 올린다. 골고루 펴서 양면이 노릇하게 익도록 한다.

❹ 쫄깃쫄깃 맛있게 익으면 준비된 그릇에 보기 좋게 담는다.

잠깐!

▶ 팬이 너무 뜨거우면 재료가 금방 타 버려요. 요리를 하다가 연기가 나면 불을 줄이고 팬을 식힌 다음 조리하세요.

▶ 부추나 호박 말고도 집에서 사용하고 남은 재료가 있으면 넣어서 만들어 볼 수 있어요. 양파나 버섯 같은 다양한 재료를 넣어서 응용해 보세요

▶ 화상을 입지 않도록 주의하세요!

맛있는 된장 요리, 또 뭐가 있을까?

고소한 된장을 넣어서 만들 수 있는 요리는 무궁무진하답니다. 된장에서 냄새가 난다고
싫어하는 어린이 친구들도 이렇게 맛있는 된장 요리를 보면 군침을 흘린다고 하네요.

韓食

▲ 된장 넣은 초코칩 쿠키.

▲ 닭꼬치 된장 소스 구이.

▲ 된장 비빔국수.

된장의 찐~한 맛, 고초균아 도와줘!

옛날부터 우리 조상들이 즐겨 먹어 온 된장은 콩을
삭혀서 만들어요.
콩을 삶아서 빻은 다음 볏짚으로 묶어서 메주를 만
드는데, 이때 볏짚에 들어 있는 고초
균이 콩의 단백질을 분해해서 고
소한 맛을 만들어요. 또 누룩곰팡
이가 생기도록 도와주지요. 된장
은 우리 몸에 좋은 미생물들이 많
이 들어 있어 암을 막아 주고, 혈
액 순환을 도와주는 우수한 식재
료랍니다.

제3화

울라불라의 비밀

RESTAURANT UB

어서 오십시오.

울라불라에 오신 걸 환영합니다.

테이블 1번,

프렌치 어니언 스프,
아시에뜨 꽁뚜와,

감자
퓨레.

예.

예,
셰프!

테이블 25번,

투 미디엄 레어,
쏘몽 블락스,
살라드 리오네즈.

예.

서둘러!

토마토
소스는?

간이 안
되었잖아.
소금, 후추
더 넣어!

저…, 그게
소스를 졸이면
짜게 될까 봐서…,

뭐?

멈 칫

아…,
아차!

무슨 짓이야?

감히
셰프의 말에.

나가!

내 말 안 들리나? 어서 내 주방에서 꺼지라니깐.

허억. 내 음식을 모두 쓰레기통에 버리다니.

예…?

투둑

툭

세계 최고 레스토랑 울라불라의 주방에서 생각은 나만 할 수 있다.

너희는 나의 명령에 '예'라고 대답만 하면 돼.

아아악! 잘못했습니다. 셰프!

질 질

한 번만 용서해 주세요!

다들
뭐 하고
있어?

멍청하게
서 있지 말고
어서 요리해!

착

착

예,
셰프!

접시
가져와!

예!

스테이션
셋업.

난 그냥 음식 솜씨 좋은
어린애인 줄만 알았는데….

누가?

우리
셰프가?

너 그거 모르는구나?
'악마의 소스' 이야기.

악마의
소스?

우리 셰프가 월드
마스터 셰프 결승전에서
그걸로 우승했잖아.

그만 집으로
돌아가.
용서해 줄 셰프가
아니야.

흑흑

그때 세계적인 요리사로 이뤄진 심사위원들이 소스를 맛보고는

이건 사람이 만들 수 없는 맛이라고 했지. 그래서 생각한 게…?

…맛있다!

소스 만드는 법을 가르쳐 줘. 네가 원하는 건 뭐든지 하겠어!

뭐, 그래서 악마의 소스야?

아무도 나이를 모르니까.

그래, 그리고 셰프가 어린애가 아니라는 말도 있어.

일주일 후.

빵

빵─

이걸 가져가서 음악이 들리면 여기 통화 버튼을 누르면 된다.

이걸로 도련님과 말을 할 수 있다고? 난 도무지 모르겠는데.

엥그머니!

히익, 도련님 왜 거기에 들어가 계시어요?

영상 통화야.

어디 있니? 앗, 봤다. 가만 있어.

팟

네?

블링 블링 안녕♬

윤호
국제조리영재학교 5학년
장래 희망 : 호텔 경영

앨버트
국제조리영재학교 5학년
장래 희망 : 파티쉐

가연
국제조리영재학교 5학년
장래 희망 : 이탈리아,
프랑스 요리 셰프

많이 기다렸니?

아니요. 그런데 저기 도련님들과 아씨는 누구신지요?

응. 우리 국제조리영재학교 친구들이야.

국제조리영재학교?

응. 조리에 특별한 소질이 있는 아이들이 가는 영재학교야.

아하, 서당.

꾸벅

안녕하시어요. 저는 온 심청이라고 하옵니다.

Have you been at seven star class hotel? (칠성급 호텔에 가 봤니?)

어?

Lol! of course. (당연하지!)

Envy you! (와 부럽다!)

쌩~

다시 안녕하시어요.

%▲◎☆▽~.

안녕.

도련님 친구분들은 다 오랑캐들 이옵니까?

왜 우리말로 인사를 하는데 모른 척만 하옵니까!

야, 그게 무슨 말이야? 애들이 좀 까칠해서 그렇지.

이거 놔요. 예의범절도 모르는 무식한…

봉 봉

애는 누구야?

우리말 할 줄 아시는군요.

그런데 왜 사람이 인사를 하는데 안 받아요?

어제 말한 사촌 동생이야.

응, 아주 시골에서 왔거든.

원래 말투가 저러냐?

미안해, 청아. 네가 조선 시대에서 왔다고 하면 아이들이 날 보고 이럴 거야.

우아~! 여기 완전 좋다.

대단하옵니다 ~♬

조용히 좀 해.

너희 할머니 밥집하고 같겠냐?

뭐야?

하하하, 오늘 왜 그래?

원래 예약하면 한 달은 걸리는데 윤호 덕분에 일찍 온 거야.

그래? 조금 고맙다.

..쿵쿵쿵

이건 분명 백설(밀가루) 냄새인데….

애 뭐야?

이것이
무엇이
옵니까?

척

청이야, 앉아.
빵이잖아.

빵?

너 혹시 빵이
뭔지도 몰라?

모르옵니다.
빵? 이름이
참 재미있습니다.

우리말 몰라?
빵이 우리말
아니었나?

빵은 포르투갈 어인 팡(pão)이
일본을 거쳐 들어온 단어야.

그래서 지금도 포르투갈
어권이나 스페인 어권에선
팡이나 빤이라고 하면
알아들어.

빵은 우리말 같지만
어원은 외래어야.

오~,
몰랐네.

〈쌀과 밀의 생산 및 이동〉

	쌀	밀
재배조건	고온 다습한 기후	제약이 적음(한랭 건조)
주산지	아시아 계절풍 지역	신대륙 반건조 초원 지대
국제적 이동량	적음(생산지와 소비지 일치)	많음(신→구대륙, 남→북반구)
주요 수출국	타이, 베트남, 미국 등	미국, 캐나다. 오스트레일리아 등

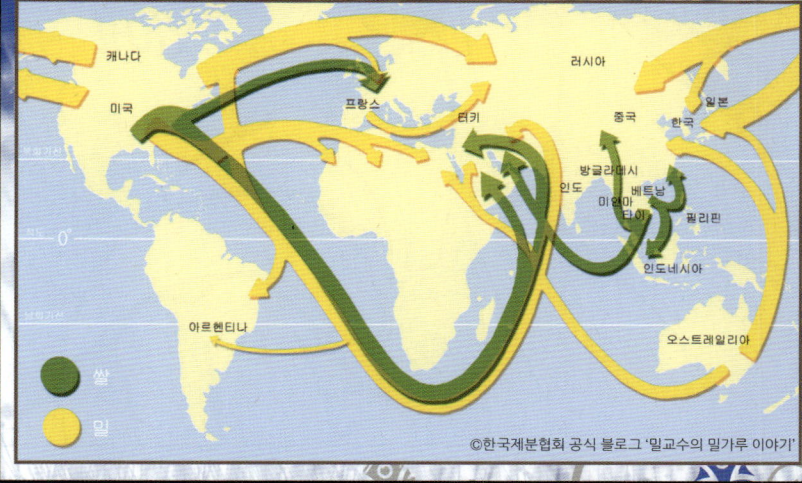

©한국제분협회 공식 블로그 '밀교수의 밀가루 이야기'

요리조리 밀 이야기

밀가루의 재료가 되는 밀은 기원전 1만~1만 5천 년부터 재배하기 시작해 쌀보다 오랜 역사를 가지고 있다. 우리나라는 중국을 통해 밀이 전파되었는데, 백제 시대 군량 창고 유적지에서 발견될 정도로 역사가 오래 되었다.

하지만 밀은 춥고 건조한 지역에서 잘 자라는 성질이 있어 고온 다습한 우리나라에서는 재배하기가 어려웠다. 때문에 생산량이 적어 사대부 집안, 혹은 궁에서나 먹을 수 있는 귀한 식재료였다.

요즘에는 대표적인 서민음식으로 꼽는 수제비와 칼국수도 조선 시대에는 귀한 음식이었다. 그런데 1950년대 후반 미국이 식량 원조를 시작하면서 쌀보다 밀가루가 구하기 쉬워졌고, 이때부터 수제비와 칼국수가 서민 음식이 된 것이다.

알았습니다, 도련님. 이곳이 유명한 이유는? 임금님과 사대부에서만 드시는 귀한 백설가루로 빵을 만들어서 그런가 봐요.

지금은 하나도 안 귀하거든.

네. 맞는 것 같습니다.

한정식 식당 '수라간'의 손자가 틀림없습니다, 셰프.

그래? 스파이를 보냈군. 어디 한번 혼 좀 내 볼까?

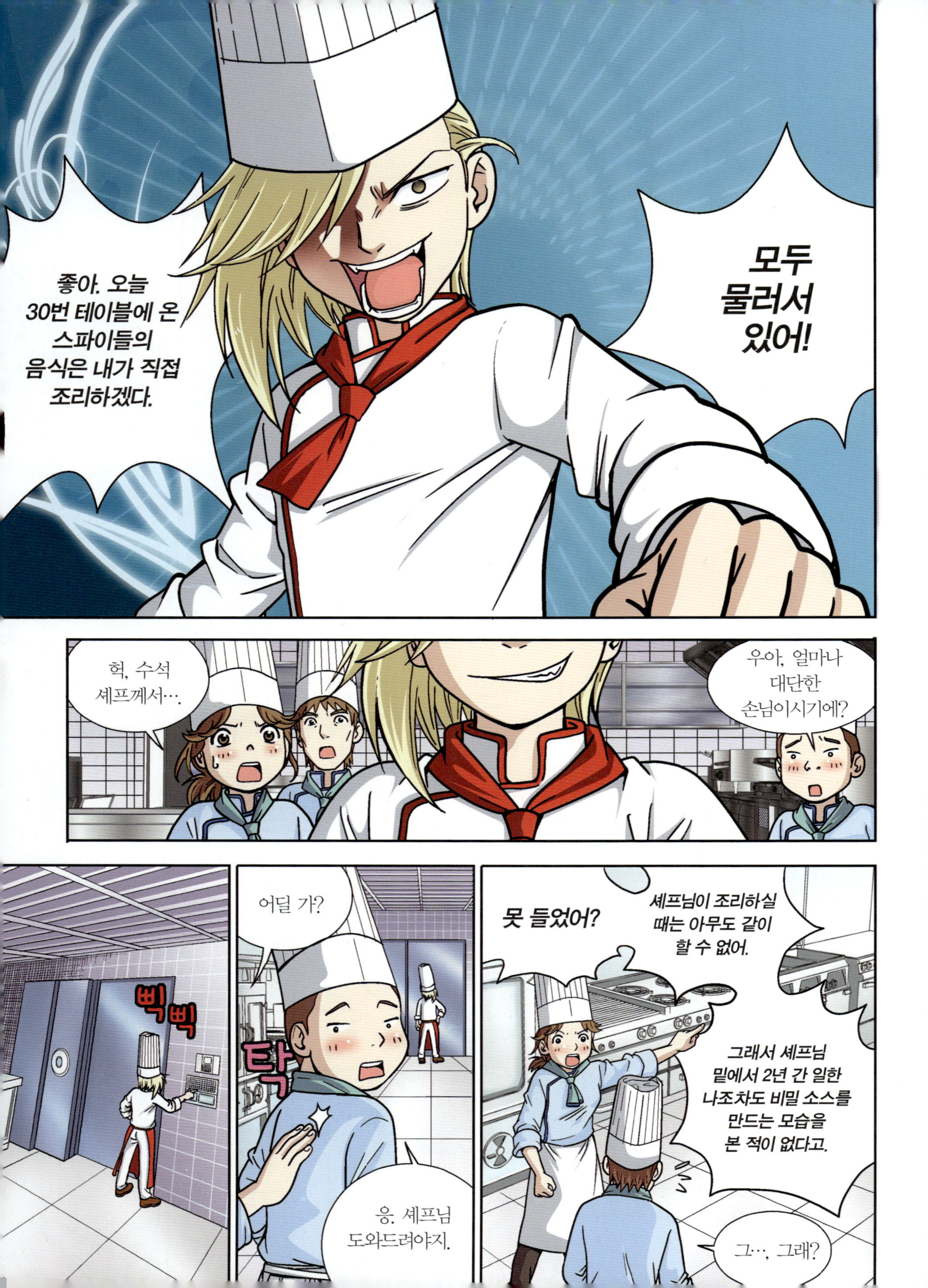

좋아. 오늘 30번 테이블에 온 스파이들의 음식은 내가 직접 조리하겠다.

모두 물러서 있어!

헉, 수석 셰프께서…

우아, 얼마나 대단한 손님이시기에?

어딜 가?

삑 삑

탁

응. 셰프님 도와드려야지.

못 들었어?

셰프님이 조리하실 때는 아무도 같이 할 수 없어.

그래서 셰프님 밑에서 2년 간 일한 나조차도 비밀 소스를 만드는 모습을 본 적이 없다고.

그…, 그래?

탁

크크크….

스승님.

그동안 잘
계셨습니까?

한정식 기능보유자
제OO호

이 말 녀 여 사

쫘

아

악

이런 우라늄.

어느 녀석이
내 얘기를 하나?

후비적

후비적

귀가 왜 이렇게
가려워.

저기 도련님.

왜?

그런데, 빵은 어떻게
먹사옵니까?

뭐?

처음이라…

아, 예.

오물

오물

!

어떻게 먹긴.
그냥 뜯어 먹든
한 입에 넣든
맘대로 해.

입에서,

엉
퍼
녹는다~!

이 맛은 뭐지? 겉은 질긴 듯하며 딱딱하지만 씹을수록 고소하고…,

속은 마치 구름을 먹는 듯 부드러워 입안에 넣자마자 사르르 녹아 없어져.

마치 잘생긴 옆집 도련님이 내 이름을 처음 불러 주실 때처럼…

청아~.

몰라잉~. 청이 없사옵니다.

청아, 왜 그래? 정신 차려.

흔들 흔들

핫

도련님, 저에게 빵 만드는 법을 가르쳐 주시어요.

칼국수를 만들 때하고는 다른 방식이겠죠? 이 은혜 잊지 않겠습니다.

벌떡

그…; 글쎄.

미각을 잃은 어머님께 꼭 해 드리고 싶습니다. 제발.

빵이라면 내가 얘기해 줄게. 내 전공이니까.

…

밀가루에 효모를 넣어서 발효시키고 오븐에 굽는 거야.

효모?

효모 모르니?

효모는 약 5000년 전부터 인간이 식품에 이용해 온 미생물이야. 영어로는 이스트(yeast)라고 하지.

현미경으로 본 효모

효모의 종류는 약 600여 종이 있지만 사람들이 사용하는 효모는 그중 몇 종이야.

대표적인 것이 맥주 효모, 빵 효모, 우유 효모야.

효모는 빵에서 무슨 일을 하는데요?

효모를 안 넣으면 빵이 아니라 딱딱한 돌덩이가 될 수 있어.

밀가루 반죽에 효모를 넣어야 빵을 구울 때 기포가 생기면서 부풀어 올라 빵이 부드러워지고 수분을 머금어 식어도 쉽게 굳지 않거든.

요리조리 과학 이야기

〈빵을 반죽해서 발효시키기〉

반죽(재료 섞기와 치대기) → 1차 발효(약 1시간) → 공기 빼기 → 분할(나누기) →
둥글리기 → 중간 발효(약 15분) → 성형(모양내기) → 2차 발효(약 45분) → 굽기

❶ 강력분 밀가루에 효모(이스트), 설탕, 소금, 탈지분유,
제빵 개량제와 함께 따뜻한 물과 우유를 넣는다.

❷ 반죽한다.

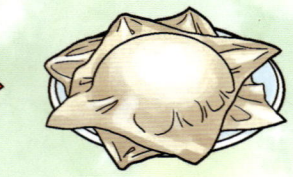

❸ 1차 발효.

❹ 반죽이 2배로 부풀면
눌러서 공기를 뺀다.

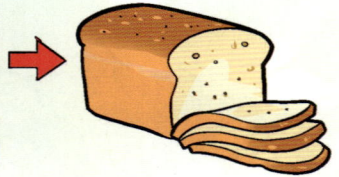

❺ 반죽을 동그랗게 만들고 식빵 틀에
납작하게 모양을 만들어 넣는다.

❻ 2차 발효.

❼ 오븐에 굽는다.

❽ 완성.

빵 만들기에서 효모만큼 중요한 글루텐

글루텐은 식물성 단백질 혼합물이다. 밀
가루에는 글루텐이 들어 있어 반죽할수록
점성이 생기고, 오븐에 구워도 빵이 터지
지 않는다. 글루텐의 함량에 따라 밀가루
를 강력분, 중력분, 박력분으로 나눈다.
글루텐이 많은 게 강력분이다.

빵용 밀가루

와우!
효모는 빵의
생명이군요.

뭐, 중요하긴
하지만
그렇게까지.

지금 밥 먹으러
온 거니, 공부하러
온 거니? 나 좀
짜증나려고 해.

헤헤, 미안.

하지만
한울이
사촌 동생
귀엽잖니.
좀 봐줘.

귀엽긴.

귀여워~♡

찡긋

아이, 참~♡

부끄~

아주 이것들이 놀고 있네. 바람둥이 앨버트 녀석.

이젠 조선 시대 생각시까지 꼬시네.

허, 참!

저, 식사 드려도 될까요?

아, 네!

청이야, 그만 좀 먹어라.

냠 냠

지금부터가 진짜야. 절대 잊지 마, 무슨 맛인지.

너의 개코만 믿는다.

식사는 어떻게 하려고 그래?

식사가 따로 있다고요?

이거 먹으러 온 게 아니고?

또 개코래.

에피타이저(Appetizer)

수프(Soup)

생선 요리(Fish)

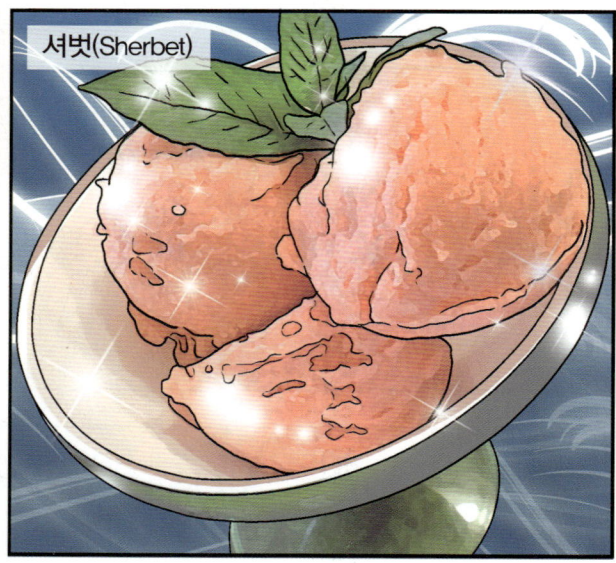

셔벗(Sherbet)

양파 1/4개.

당근 약간. 통후추 약간. 소금 조금.

그리고 이건 기름 같은데 뭔지 모르겠어요.

올리브유야.

스페인산 최고급 엑스트라 버진.

무슨 음식이 이렇게 자꾸 나옵니까? 번거롭게. 그냥 한 상에 다 차려 오지.

푸웃

냠 냠 냠

덜컹

어.

어!

드디어
나왔다.

악마의
소스로
만든
스테이크.

고기
색 좀 봐.

아… 아니,
잠깐만.
이번엔 좀
다른데?
소스의
색이 달라.

향은 더
기가 막혀.

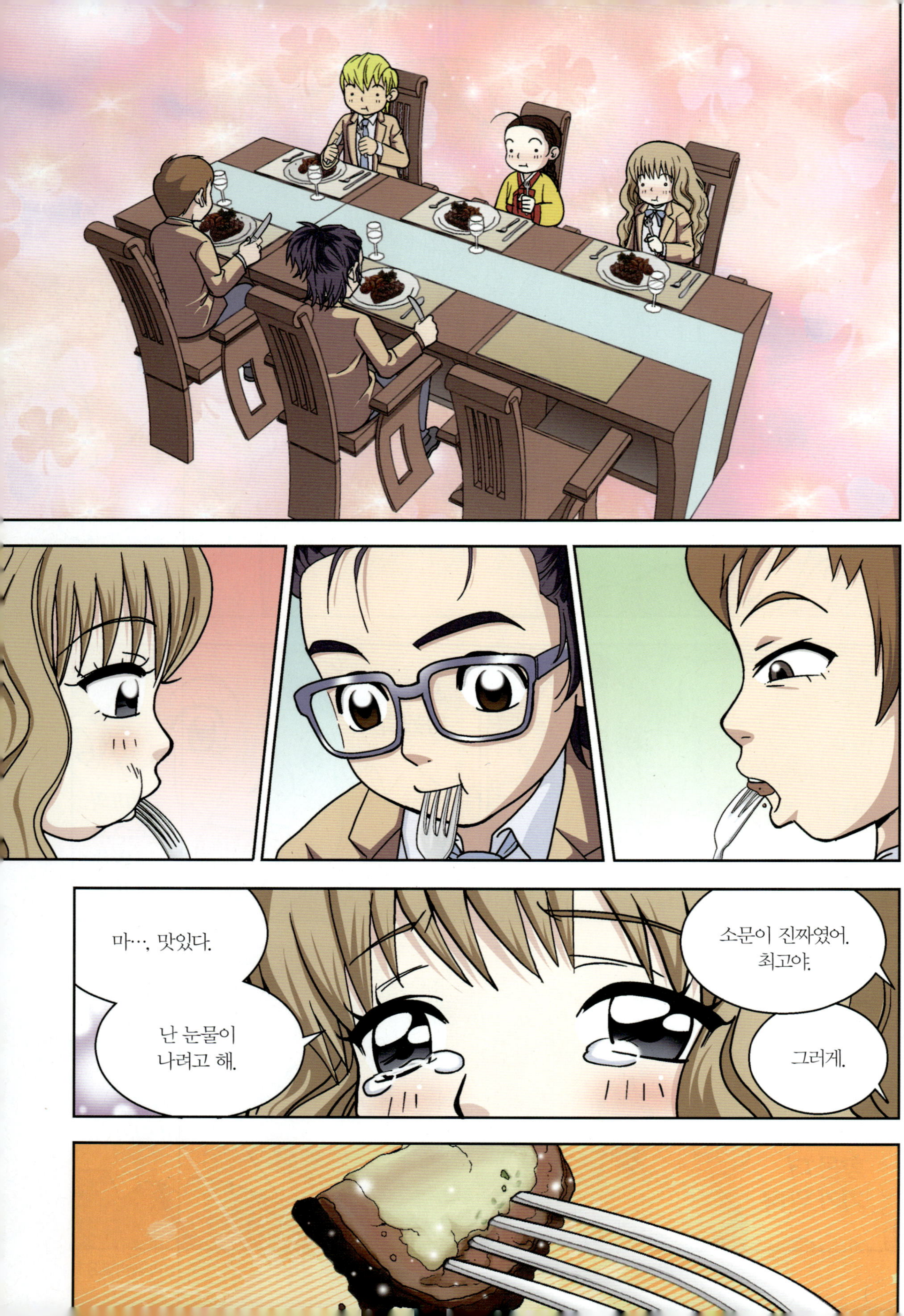

마…, 맛있다.

소문이 진짜였어.
최고야.

난 눈물이
나려고 해.

그러게.

으음…!

이….

이건…!

우리 할머니의…;

손맛이야!

할머니가 만드시는 떡갈비 소스!

챙그랑

울라불라가 우리 할머니 레시피를 훔쳤어!

네?

정혜정 선생님의 요리 교실

따끈한 국물이 생각나는 날엔 수제비 한 그릇이 제격이죠. 수제비라는 이름은 조선 시대에 손을 뜻하는 한자 '수(手)'와 꺾는다는 의미의 '접(摺)'을 합쳐 '수접이'라 부른 데서 나왔어요. 한국 전쟁 직후 쌀이 귀하던 시절에 사람들이 많이 먹었던 밀가루 음식이지요. 조리법도 무척 간단해요. 밀가루를 반죽한 다음 육수에 채소를 넣고 적당한 크기로 반죽을 떼서 익히면 되거든요. 쫄깃쫄깃 맛있는 수제비, 함께 만들어 볼까요?

—정혜정(전주 국제한식조리학교 교장)

수제비 만들기

재료 감자 50g, 호박 50g, 밀가루 1컵, 물 1/2컵, 대파 10g, 소금 조금
육수 다시마 10g, 멸치 5마리, 물 500㎖

❶ 밀가루에 소금, 물을 넣고 반죽한 다음 랩을 덮어 30분간 숙성시킨다.
❷ 다시마, 멸치, 대파를 넣고 육수를 끓여 낸다.
❸ 감자, 호박, 양파는 먹기 좋은 크기로 잘라 준다.
❹ 끓인 육수에 감자, 호박, 양파를 순서대로 넣는다.
❺ 채소를 넣은 육수가 끓기 시작하면 반죽을 감자 크기와 비슷하게 떼서 넣는다.
❻ 반죽이 물에 동동 뜨면 불을 끄고 그릇에 담는다. (파와 붉은 고추로 장식하면 좋다)

잠깐!

▶ 밀가루를 반죽한 다음 30분 정도 숙성시키면 훨씬 쫄깃해져요.

▶ 감자는 손질해서 그냥 놔두면 갈변현상이 일어나기 때문에 물에 담가 놓는 것이 좋아요.

▶ 수제비는 얇게 만들수록 부드러워서 맛이 좋아요.

▶ 버섯, 조개 같은 다양한 재료를 넣어서 응용해 보세요.

왜 반죽을 숙성시키면 쫄깃해질까?

밀가루 음식 특유의 쫄깃쫄깃한 맛은 밀에 들어 있는 '글루텐' 덕분이다. 글루텐은 밀알의 배젖에 들어 있는 그물망 모양의 단백질이다. 그물처럼 생긴 모양 덕분에 반죽할 때 수분과 전분이 사이사이에 끼어 들어가게 된다. 특히 반죽을 하고 나서 30분 정도 숙성시키면 반죽 속에 들어간 수분이 골고루 퍼져 글루텐 그물을 단단하게 만들 수 있다. 반죽과 숙성이 잘 된 밀가루 덩어리는 탄력이 있어 잡아당겨도 잘 끊어지지 않고 쭉 늘어난다.

글루텐

↑ 단백질 사이에 이황화결합(−S−S−)이 생겨 거대한 그물망을 이룬 것이 글루텐이다.

파앗

헤헤헤, 벌써 집에 가게?

아니거든? 배가 아파서 화장실 간다.

척
척

으윽, 뭐야~, 더럽게.

똑

슬금
슬금

우아, 여긴 조리사도 많고 주방도 엄청나게 크구나.

어! 여긴
도대체 뭐지?

아아···,
안 돼! 문이
닫혔다.

캄캄해서
아무것도
보이지 않아!

여보세요,
누구 없어요?

할머니는 잘 계시냐?

네 이름이 뭐였지?

아, 그래. 한울이.

내가 누군지 알겠어?

모르겠는데….

후훗, 괜찮아. 넌 그때 너무 어려서 날 기억 못 하겠지.

뭐야, 저 녀석? 어리다니…, 나보다도 꼬마처럼 보이는데?

내 음식에서 스승님의 떡갈비 맛이 난다고?

!

주춤

주춤

그래, 어떻게 만든 거지? 혹시 우리 할머니 레시피를….

허억! 저건 또 뭐야?

Tteokgalbi

Galbi 1geun, chopped meat 300g, chopped pine nuts, soysauce3T, honey 3T, sesame oil 1T, ginger aid 1t, sugar 1T

sugar 2T, soysauce 3T, chopped garlic1T, chopped green onion 2T, sesame oil 1T, chopped mushroom 4T, chopped chestnut 4T, chopped onion 3T, dextrin 3T, little bit of salt and pepper.

1. Strip the meat from galbi 1kg and chop it...
2. Suck up blood in the meat by covering with a piece of cloth(about 30minutes)
3. Mix sauce with chopped meat...
*with dextrin, meat's shape doesn't...
*with dextrin and chestnut, meat's shape comes out nicely
4. Make shapes with sauced meat.
5. Fry dukgalbi in oiled pan.(about 20minutes)
6. Suck up oil from the pan.(the most important part)
7. When the meat is cooked, put more sauce and wait until all the sauce boils down...
8. Finish by putting the meat in the dish and sprinkling pine nuts...

삐빅

삐빅

H_2O

마…, 말도 안 돼.

할머니가 소스를 만들려면 이틀은 꼬박 불 앞에 앉아 계셔야 하는데…

스승님 밑에서 조리를 10년 간 배웠지만 난 떠났다.

그리고 제2의 레오나르도 다 빈치가 되기로 결심했지.

응? 왜 웃지?

레오나르도 다 빈치는 미술가 아냐?

바보, 비유를 하려면 조리사에 해야지.

이런 멍청이. 국제조리영재학교 교복까지 입고서

레오나르도 다 빈치가 조리사였다는 걸 모르다니!

그래?

'포크'를 처음으로 발명한 사람은?

몰라.

레오나르도 다 빈치.

마늘 빻는 도구, 후추 가는 기계, 와인 따개는?

설마, 레오나르도 다 빈치?

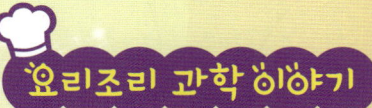

조리사 레오나르도 다 빈치
위대한 발명 '스파게티'

르네상스 시대 이탈리아를 대표하는 예술가이자 과학자였던 레오나르도 다 빈치가 한때 요리를 했다는 사실은 잘 알려져 있지 않다. 1473년, 다 빈치는 21세 때 '세 마리 달팽이'라는 레스토랑에서 조리사로 일했고, 몇 년 후 '산드로와 레오나르도의 세 마리 개구리 깃발'이라는 식당을 직접 개업하기도 한다. 스포르차 가문의 궁정 연회 담당자로 일한 기록도 있다. 다 빈치는 요리를 연구할 때도 과학만큼 깊이 있게 연구했다. 스파게티는 다 빈치 요리 연구의 결정체다. 15세기 당시에는 넓고 두꺼운 면으로 만든 파스타밖에 없었는데, 중국의 국수 면을 보고 힌트를 얻은 다 빈치는 얇고 긴 면발을 뽑을 수 있는 기계를 발명했다. 그런데 막상 개발을 해 보니 면이 접시 위에서 흐트러지고, 집어먹기가 힘들었다.
다 빈치는 번뜩이는 아이디어로 삼지창 형태의 포크를 만들어 이 문제를 해결했다. 냅킨, 페퍼밀, 포도주병의 코르크 마개나 따개 역시 그의 작품이다. 이탈리아에서는 다 빈치가 발명한 마늘 빻는 도구를 지금도 '레오나르도'라고 부른다.

출처 : 위키백과, 〈세 마리 개구리 깃발 식당〉

메뉴를 뭘로 할까?

〈최후의 만찬〉이라는 위대한 작품 역시 요리에 관심이 많은 다 빈치였기에 그릴 수 있었다는 주장도 있지.

〈최후의 만찬〉에서 예수와 제자들이 뭘 먹었을까를 고민하는 데만 2년 6개월이 걸렸고, 음식 선정 후에는 3개월 만에 그림을 완성했다고!

우아, 대박!

가서 할머님께 전해라.

윽!

더 이상 가게 문을 열지 말라고! 스승님의 음식은 이제 끝났다.

이제 내가 최고다!

아니요!

도련님이 틀렸어요. 이건 할머니의 맛이 아니옵니다.

맛은 닮았지만…,

할머니의 손맛과

할머니의 정성이 없습니다.

?

!

뭐라고?

하긴. 우리 학교 선생님들도 모든 음식에는 사람의 손맛이라는 게 있다고 하셨어.

지잉..

그렇지요.

그리고 손맛의 으뜸은…;

사랑 가득한
어머니의
손맛이지요.

뭐,

뭐라고
하는
거냐?

조리사들도
어머니의 손맛을
닮아야 한다.

음식을 먹는 사람에
대한 진심과 정성이
깃들어 있어야
한다는 말이다.

이이이…

손맛.

손맛.

세상에서 가장 맛있는 건 우리 엄마가 해 주시는 밥.

기껏 잊고 지냈는데…

저 녀석 누구야?

스승님한테는 손녀가 없었어.

빼롱

안 가르쳐 주지~.

너 이리 안 와?

내가 이렇게 당할 것 같으냐?

전통 한정식

수라간

T.971-88☆☆

똑 똑 똑

에구, 망측해라. 다 큰 녀석이 뽀뽀는?

헤헤. 할머니가 정말 좋아서.

어머머!

네가 있으면
나는 좋아~!
어렸을 때도,

어른이 되어도
매장에서도
홈서비스에서도,

맛있는 건
즐거워요~♪
멕데리아~♪

TV 보네?

이젠 안
무서워?

참
이상하옵니다.

뭐가?

분명
할머니께서는
저런 음식을 많이
먹으면
뚱뚱해진다고
하셨는데…,

사람들
오히
빌
날씬합니

광고잖아. 너 같으면 뚱뚱한 사람들이 선전하는 음식을 먹고 싶겠니?

아, 참! 너한테 줄 선물이 있는데.

전통 한정식
수라간
T.971-88**

꺄악~!
선물이요?
무엇이옵니까?

너 선물 좋아하는구나?

헤에.

선물 싫어하는 사람이 어디 있사옵니까.

그럼 눈 감고 손 내밀어 봐.

히힛.

푸훗

톡

이게 무엇이옵니까?

코딱지.

우웩!
더러워!

악

아…,
아차….

100년 묵은
산삼의 힘….

빠

이 녀석, 지금이
몇 시인데
아직도 자?

오셨사
옵니까.

죠닌

죠닌

그…,
그런 거
아닌데.

준비는
다 했지?

예.

저 월요일부터 서당,
아니고 학교에 간답니다.

학교에…,
설마 우리
학교니?

그래,
내가 너희 교장
선생님께 특별히
부탁했다.

그래서 정식
학생은 아니더라도
청강생 자격으로
다니게 해 준단다.

두근

앗, 할머니
어디 가세요?

그래서 교복
사러 가요.

그래요? 잘됐다.
하여간 우리 교장
선생님은 할머니
팬이라니까.

입고 가자.

아…, 아니옵니다. 내일부터 입겠습니다.

아직 이 옷이 불편합니다.

으윽!

안 돼! 입고 가!

언제까지 한복에 댕기머리하고 다닐 거야?

저 녀석이?

쓱 쓱

꼬옥

멕데리아 ML

2,500원

할머니, 배고파요.

집에 가서 먹자.

저기는 TV에서 봤던 집이네.

싫어요~, 햄버거 사 주세요~.

이거 참…,

맛있네요!

히히, 햄버거랑 같이 먹어 봐. 더 맛있어.

네, 이게 무엇이옵니까?

톡 쏘는 맛이 달달하니 이 청량감은…,

이런 수정과는 처음이옵니다.

탁

네 콜라도 이리 내!

뚜욱

뚝

싫어요.

빨리 먹어야지!

이 녀석이! 햄버거까지는 봐주지만 콜라는 안 된다고 했지?

햄버거에 콜라 없이 무슨 맛으로 먹어요? 둘은 환상의 짝꿍 이라고요.

짝꿍! 어느 놈이 그래?

몰라요. 그냥 그렇게 파니까요.

멍청한 녀석, 그냥 맛 때문에 콜라를 팔까?

햄버거나 피자를 많이 먹게 하려고.

뚱보 되고 싶으면 콜라랑 먹어라.

예?

할머니, 햄버거 먹을 때 콜라랑 같이 먹으면 느끼하지도 않고 햄버거가 더 달고 맛있어요.

뭐, 다른 이유가 또 있나요?

탁

콜라는 물론 탄산음료를 패스트푸드와 함께 먹으면,

당분과 탄산가스로 인해 순간적으로 포만감을 느끼지만 금방 다시 배가 고파지거든.

요리조리 과학 이야기

달고 시원해서 먹을 땐 좋지만 콜라에 들어 있는 탄산은 치아의 칼슘과 반응해 치아를 녹입니다. 또 인산은 뼈 속의 칼슘을 몸 밖으로 배출하는 호르몬을 분비시켜 우리를 아프고 약하게 만든답니다.

콜라의 톡 쏘는 맛과 청량감을 불어넣는 탄산과 인산.

탄산 (H_2CO_3)

$Ca^{2+} + CO_3^{2-} \rightarrow CaCO_3$

인산 (H_3PO_4)

패스트푸드처럼 열량은 많고 영양이 적은 인스턴트식품을 모두 정크 푸드라고 부릅니다.

햄버거나 피자, 음료수를 비롯해 튀김, 핫도그, 만두 같이 어린이들이 좋아하는 음식이나 과자들도 대부분 정크 푸드입니다.
(출처:식품의약품안전청)

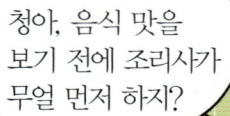

그…, 그럼 할머니. 애들은 뭘 마셔야 해요?

청아, 음식 맛을 보기 전에 조리사가 무얼 먼저 하지?

깨끗한 생수로 입을 먼저 행굽니다.

바로 그거야. 물과 함께 먹으면 패스트 푸드의 진짜 맛을 알 수 있지.

더 이상 탄산음료의 단맛에 속아서 먹지 말라고.

아기 엄마도 잘 알잖아. 우유 먹여. 아니면 물이 최고지.

더 재미난 얘기 해 줄까?

그래도 한 모금만 더 먹고 싶다…

오셨습니까?
상궁마마.
그래, 네가
수고가 많다.
아니옵니다.
아…,
오줌 마려.
화장실
가야지.
웅 웅..
….
그래,
잘 계시느냐?
세자마마는….
누…,
누구라고?

정혜정 선생님의 요리 교실

옛날 우리 조상들은 '효(孝)'를 가장 중요하게 생각했어요. 음식에도 이런 사상이 들어 있어요. 이가 약해 질긴 고기를 뜯을 수 없는 노인들을 위해 갈빗살을 잘게 다져서 만든 떡갈비를 보면 그런 세심한 배려를 느낄 수 있답니다. 떡갈비는 맛있고 먹기 편할 뿐 아니라 영양도 만점이랍니다. 음식을 빨리 먹기 위해 급하게 고기를 튀겨 낸 패스트푸드와는 질적으로 다르죠.

－정혜정 (전주 국제한식조리학교 교장)

떡갈비 만들기

재료 : 다진 쇠고기(갈빗살) 300g, 떡볶이 떡 3개, 당근, 양파, 대파

양념장 : 간장 4스푼, 설탕 1.5스푼, 다진 마늘 1스푼, 물엿 1스푼, 통깨 1스푼, 참기름 1스푼, 소금, 후추 조금

❶ 쇠고기와 당근, 양파, 대파를 각각 곱게 다져서 준비한다.
❷ 간장, 설탕, 다진 마늘, 물엿, 깨, 참기름을 넣고 양념장을 만든다.
❸ 다진 고기와 채소에 양념장을 넣고 치대면서 반죽을 한다.
❹ 가운데에 떡을 넣고 다진 고기로 감싼 뒤 팬에 구워 낸다.
❺ 맛있게 구워진 떡갈비는 스테이크 소스와 함께 먹으면 금상첨화다.

▶ 갈빗살과 양념을 반죽할 때는 많이 치대어야 끈기가 생겨 매끄럽게 잘 뭉쳐집니다.
▶ 다진 고기 가운데에 떡 대신 버섯을 넣어도 맛있어요.
▶ 떡갈비는 약한 불에서 서서히 익혀야 해요. (센 불로 조리하면 탈 수 있어요)
▶ 석쇠에 구우면 기름기 없이 담백한 떡갈비를 즐길 수 있어요.

패스트푸드 '햄버거'  VS 슬로우푸드 '떡갈비'

햄버거 패티는 높은 온도에서 빨리 익히기 위해 고기에 기름을 많이 두르고 구워요. 그래서 고기 안에 들어 있는 지방이 밖으로 빠져나가지 못하죠. 오히려 기름을 흡수하기 때문에 패스트푸드를 많이 먹으면 우리 몸에 비만과 각종 성인병이 생길 수 있답니다. 반면 슬로우푸드인 떡갈비는 기름을 많이 두르지 않고 팬이나 석쇠에 천천히 구워 내기 때문에 지방이 훨씬 적답니다.

◀ 떡갈비는 고기 뿐만 아니라 버섯이나 양파, 당근 같은 야채들을 함께 넣어서 조리하기 때문에 영양소를 골고루 얻을 수 있어요.

제5화

한울 도련님과 초콜릿

잘 지내느냐?
세자 마마는….

세자?

세자라면
임금님의
아들….

앞으로
왕이 될
사람…?

샤샥

샥

착

예, 잘 계십니다.

다만 어제도 정크 푸드를 드시려 하여 간신히 말렸습니다.

정크 푸드가 무엇이냐?

영양가는 없는데 살만 찌게 하는 즉석 음식을 말합니다.

어허, 세상에 그런 음식이 있나…. 귀하신 세자마마께서 절대 그런 음식을 드시게 해선 안 된다.

예, 물론이지요.

어…, 어제 몸에 안 좋은 정크 푸드를 먹은 사람이라면?

코딱지 도련님?

후비적

후비적

학

코딱지가 아니고 한울 도련님.

우엑! 더러워!

악 꽁

으어엉, 내가 무슨 짓을 한 거야? 감히 세자마마께…

목숨만 살려 주세요. 정말 몰랐습니다.

아아….

풀

썩

조심하시게, 이 상궁.

설마 내 이야기를 다 들은 건 아니겠지?

들었다 한들…,

달라질 것은 없소.

꼬끼오
수라간
T.971-88**

벌떡

어, 여긴?

어서 일어나거라.

오늘부터 학교에 가야 하니 서둘러야지.

할머니, 제가 왜 여기 누워 있죠?

그럼 여기 누워 있지, 어디 있어?

어린 녀석이 무슨 잠꼬대를 그렇게 하니…, 세자마마에 정크 푸드까지…

꾸…, 꿈이었다고?

아닌데.

아야!

이것 봐! 혹도 나 있잖아.

이게 뭐니?

초콜릿이야.

너를 생각하면서 내가 밤새 만들었어.

풋.

똑바로 만들지도 못하면서.

어머, 손에서 미끄러졌네.

꾸욱

으하하! 영호, 차인 거야?

아, 안돼 내 쵸콜릿!

아우, 창피해. 이제 학교 어떻게 다니냐?

호호호.

초콜릿?

나도 있는데. 세자마마께서 주신….

안녕, 청아.

앗, 빵 도련님.

그동안 기체후 일향 만강하셨는지요.

꾸벅

뭐? 하하하. 여전히 웃기는구나, 너!

교복을 입으니까 청이 참 예쁘구나.

어쭈, 제법인데.

아이, 부끄럽사옵니다.

그런데 너 손에 든 게 뭐니?

앗, 이거요. 초콜릿이옵니다.

예?

초콜릿 주면서 사귀자고 했을 거 아냐?

제11회 조리과 작품 전시회
장소: 본교

우아~, 학교 온 지 얼마나 됐다고 초콜릿 받은 거야?

누가 줬어, 어떤 녀석이야?

이게 그런 음식인가요?

너 그런 것도 모르면서 받았니? 순진하긴.

동서양을 막론하고 초콜릿은 남녀 사이에 사랑의 징표지. 많은 사람들이 좋아하는 매력적인 음식이야.

초콜릿은 카카오나무의 열매에 들어 있는 종자를 발효시켜 만들어.

카카오콩은 초콜릿의 원료나 약재로 사용하고 있지.

에르난 코르테스 (스페인의 탐험가)

대항해시대에 금을 찾아 아메리카를 탐험하던 나는 아즈텍 왕이 먹던 초콜릿 음료를 맛보고는 금 대신 코코아 열매를 유럽으로 가져와 퍼뜨렸지.

요리조리 과학 이야기 — 초콜릿의 녹는점

보통 초콜릿은 사람의 체온보다 1℃가 낮은 35℃ 정도에서 녹기 시작해.

그래서 입에 넣으면 살살 녹지.

그건 좋은데, 자꾸 손에서 녹습니다.

다 그런 건 아니야. 입에서는 녹지만 바깥에선 50℃가 넘어도 녹지 않는 초콜릿이 있어.

냠냠

네?

영국의 아폰 타프 고등학교, 과학을 좋아하는 여학생들이 모였답니다.

우린 이라크에 주둔하는 군인 아저씨들을 위해 더운 날씨에도 녹지 않는 초콜릿을 개발하려고 해요.

그래서 찾아낸 것이 바로 '글리세린'.

고온에 녹지 않으면서 물에는 잘 녹는 성질이 있어.

전체 초콜릿 양의 5% 정도만 넣어 보자.

이제 군인 아저씨들도 녹지 않는 초콜릿을 드실 수 있어.

이렇게 여학생들이 만든 초콜릿은 이라크로 가게 되었고,

점점 유명해져서 초콜릿 회사인 캐드버리와 협력해 세계 곳곳으로 팔려나갔다.

캐드버리 초콜릿

그런데 군인들이 초콜릿을 비상식량으로 사용하는 이유는?

당분은 쉽게 에너지원으로 바꿀 수 있지.

운동을 격하게 하거나 식사를 불규칙하게 해서 몸이 에너지를 급히 필요로 할 때 당분이 많은 초콜릿을 먹으면 도움이 된다고.

이 음식이 그렇게 특별하단 말이야?

울긋 불긋

나중에 또 보자. 우린 수업 받으러 가야 해.

야! 아직 여기 있으면 어떡해?

꽉

수업 종 울렸다고!

등교하는 첫날부터 지각할래?

탁

탁

에잇, 너 때문에 나도 늦겠다.

좋아하는 사람에게 주는….

이러다가 나도 늦겠다.

그…, 그럼 먼저 가세요, 도련님.

그럴 순 없어. 아무것도 모르는 널 두고 어떻게 먼저 가?

아!

두근 두근

아니, 세자마마일지도 모르지요.

자꾸 이러시면 아니되옵니다. 저는 미천한 생각시여요.

도련님…

앗, 저기 있다. 너네 교실!

안녕하세요, 선생님.

꾸벅

제 동생 잘 부탁 드립니다!

공부 열심히 해, 안녕!

탁 탁

탁

어머, 이번에 오는 신입생이 누군가 했더니,

한울이 여동생이었구나.

오빠처럼 예쁘게 생겼네.

오라버니 아니어요!

그럼, 무슨 사이?

그게 그러니까…,

우린 무슨 사이지?

처음 뵙겠습니다.

조선 시대 수라간에서 온 생각시,

청이라 하옵니다.

본관은 청송 심씨이며,

나이는 방년 10살 이옵니다.

부족한 점이 많으오니 잘 부탁드립니다.

푸하하.

깔깔깔!

어디서 왔다고? 조선 시대?

하

하하하

주방장이 아니라,

개그맨이 되고 싶은 게 아닐까?

쟤 완전 웃긴다!

저기 보이는 빈 자리에 가서 앉으렴.

예.

내가 뭘 잘못한 걸까? 우리 동네에선 다 이러는데.

너…, 너…, 너…, 너는 미소잖아!

여긴 어떻게 온 거니?

미소

안녕, 반가워. 난 윤주라고 해.

잘 지내자.

유…, 윤주라고? 목소리까지 똑같은데?

머리만 달라.

감자 튀김, 비스킷, 간식용 빵과 같은 몇 가지 음식물에 아크릴 아마이드라는 물질이 많이 들어 있는데,

2002년 스웨덴 국립 식품청은 동물 실험 결과 이 물질을 많이 섭취했을 때 신경이 파괴되고 온몸에 마비가 와서 결국 죽게 된다는 연구 결과를 발표했어.

탁 탁 탁

화학식은?

C_3H_5NO

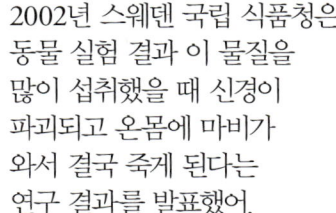

너무 놀라지들 마라.

스웨덴 국립 식품청의 발표는 전 세계를 뒤흔들었지. 그도 그럴 것이,

우리가 김치를 자주 먹는 것처럼 서양 사람들도 일상적으로 감자 튀김을 먹고 있었거든.

C_3H_5NO

네?

선생님이 매일 마시는 커피에도 감자 튀김만큼이나 아크릴 아마이드가 들어 있어.

그 후 세계 여러 나라에서 이에 반박하는 연구 결과를 많이 발표했지.

참 나, 어이가 없어서. 매일 먹어도 상관없습니다.

실험용 쥐하고 사람하고 같습니까?

음식에 들어 있는 아크릴 아마이드는 대부분 사람에게 해를 끼치지 않는 수준이란다.

다행이네요.

하지만 약간이라도 있으니, 많이 먹어서 좋을 것은 없겠지?

네!

네!

첫째, 감자를 175℃ 이상에서 오랫동안 조리하면 아크릴 아마이드의 양이 늘어난다. 튀김의 온도를 내리자.

둘째, 물에 끓이거나 삶아서 음식을 만드는 경우에는 아크릴 아마이드가 생기지 않는다.

왜냐면 끓는 물의 온도가 100℃ 이상 올라가지 않기 때문이야.

정혜정 선생님의 요리 교실

밥을 먹기 싫은 날엔 달콤한 과자나 쿠키 같은 간식거리를 찾게 되죠? 하지만 시중에서 파는 인스턴트 과자에는 우리 몸에 필요한 영양소가 골고루 들어 있지 않은 경우가 많아요. 설탕이 잔뜩 들어 있어 입에 달기만 하지요. 이런 인스턴트 과자보다는 우리 몸에 필요한 섬유질과 비타민, 각종 미네랄이 풍부하게 들어 있는 영양 간식을 먹어 보는 게 어떨까요? 만들기도 아주 쉽고 달착지근한 맛도 일품인 '고구마란'이에요. 만드는 방법을 함께 알아볼까요? —정혜정(전주 국제한식조리학교 교장)

고구마란 만들기

재료 : 고구마 2개, 우유 2스푼, 꿀 1스푼, 계피 반스푼, 아몬드 슬라이스, 호박씨, 초코칩 조금

❶ 고구마를 깨끗이 씻어서 삶고 나머지 재료도 준비한다.
❷ 삶은 고구마를 식기 전에 으깬다. 여기에 우유와 꿀, 계피를 넣고 잘 섞는다.
❸ 부드럽게 반죽된 고구마를 조금씩 떼어내 동그랗게 먹기 좋은 모양으로 만든다.
❹ 아몬드와 호박씨, 초코칩처럼 맛있게 먹을 수 있는 재료를 더해 예쁘게 장식한다.
❺ 맛있는 고구마란 완성!

잠깐!

▶고구마란을 만들 때는 밤고구마보다는 수분이 많은 호박고구마를 사용하는 것이 좋아. 고구마는 식기 전에 으깨야 부드럽게 잘 반죽된단다. 토핑 재료로는 호두나 땅콩 같은 다양한 견과류를 사용할 수 있어. 먹고 싶은 견과류를 다양하게 넣어서 만들어 봐! 계피는 기호에 따라 넣지 않아도 돼.

청이가 간 학교는?

청이와 한울이가 다니는 국제조리영재학교를 보고 깜짝 놀랐다는 반응을 보인 친구들이 많았어요. '세상에, 요리만 배우는 학교가 있단 말이야?' 방과 후 수업에서 취미로 요리를 배우는 경우도 있지만, 전문적으로 요리사의 길을 걷는 친구들을 위한 전문 요리학과학교가 전국에 무수히 많다는 사실!

← 국제한식조리학교는 한식의 세계화를 목표로 2012년 문을 연 국내 최초의 한식 조리학교랍니다. 세계적인 요리학교들과 어깨를 나란히 할 정도로 높은 수준의 교육시설과 교수진을 갖추고 있어 한식 스타셰프를 꿈꾸는 친구들이 모여들고 있지요.

→ 전라북도 전주시에 있는 한국전통문화고등학교에는 한 학년에 20명 남짓 되는 조리과학과가 있어요. 지방에 있는 작은 학교라고 무시하다간 큰 코 다쳐! 각종 전국 요리대회에 나가 상을 휩쓸어 오고 있는 요리명문학교랍니다.

제6화

청이에게 다가온 위협

셰프님이 알아보라고 시키셨던 여자아이가 국제조리 영재학교에 낸 입학 원서입니다.

이름: 심청

주소: 서울특

세종로 1

특이한 게 있어?

이게 뭐야?

아니요, 그냥…, 특별하다면.

주소가 서울특별시 종로구 세종로 1-1로 되어 있습니다.

거기가 어딘데?

'경복궁'입니다.

뭐어?

그리고 학교에선 자기가 조선 시대 수라간의 궁녀 생각시라고 한답니다.

아마도 한정식 집 노파처럼 이 아이도 정신이 좀 이상한 것 같습니다.

툭

됐어, 나가 봐.

그리고 앞으로 그 여자애는 신경쓰지 말고.

예.

아니, 잠깐만.

조금 더 알아보자.

세상에서 가장 맛있는 건 우리 엄마가 해 주시는 밥.

혹시 수라간의 수수께끼를 풀어 줄지 어떻게 알아?

어, 도련님. 왜 그러세요?

으아아 아아아~, 할머니!

공격!

안 돼! 이런 닭 녀석들이 조선 왕조 500년의 대를 끊으려고…!

쿡 쿡 쿡

쿡 쿡

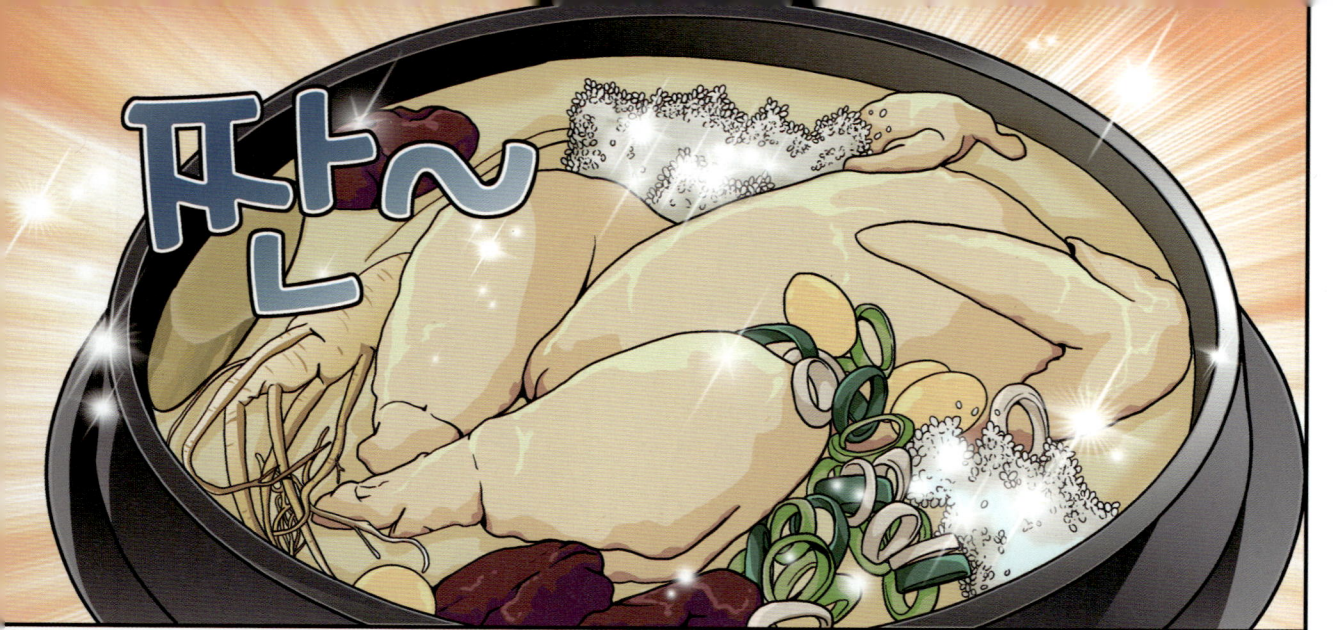

짠~

먹자.

미안해, 꼬꼬야.

꿀꺽

우아, 맛있겠다~.

그런데 할머니, 청이는 왜 닭다리가 없어?

닭다리는 두 개뿐이니까.

아이 참~, 도련님도. 저번에는 초콜릿을 주시더니 이번엔 닭다리…:

무슨 마음으로 이러시는지요? 자꾸 이러시면 소녀는 혼란스럽습니다.

그럼 너 먹어.

아…, 아닙니다,

잉?

발~

그 레

어쭈, 요 녀석들 봐라.

탁

휘이잉

학교 늦겠다.
다 먹었으면
상 치워라.

반찬들은
냉장고 속에
넣어 두고.

네.

잉?
이게 무엇인고?

?

뭐 하니?
빨리 넣고 와.
학교 버스
왔잖아.

이것이
냉장고라는
것입니까?

풋~! 처음
봤구나.

일 년 내내 차갑게
음식을 보관하는
기계야.

옆에는
얼음도
얼릴 수 있어.

조선 시대에는
이런 거 없지?

아니요, 있사옵니다.

뭐?

옛날에도 냉장고가 있었다고?

뻥치시네~.

아니옵니다. 어찌 도련님은 속고만 사셨습니까?

말이 안 되니까.

무더운 여름에 임금님과 고관 어르신들께 얼음을 띄운 시원한 음식을 대접해 드리기 위해서 얼음을 보관하는 곳이 있었습니다.

?

오늘 과학 시간에는 조상의 지혜가 가득한 천연 냉장고 '석빙고'에 대해 알아보자.

진짜네.

석빙고 (石氷庫)

요즘은 냉장고가 있어서 얼음이나 찬 음료수를 넣어 두고 먹는 것이 자연스럽지만,

냉장고가 없던 옛날에는 더운 여름을 어떻게 견뎠을까?

차가운 계곡물로도 한계가 있었을 거다. 분명 옛날 사람들도 차가운 얼음이 먹고 싶었을 거야.

뿡

지금이야 얼음이 별 거 아니지만,

냉장고가 없던 조선 시대만 해도 얼음은 금붙이보다 귀했지.

살 거야, 말 거야? 다 녹잖아, 이 양반아.

그래서 우리 조상들은 겨울에 얼음을 채취해서 얼음 창고에 넣어 두고 여름에 사용했단다.

요리조리 과학 이야기

석빙고는 차가운 공기와 더운 공기의 밀도 차이를 이용해 얼음을 보관하는 창고예요. 하천 근처에 만들어 겨울에 캐낸 얼음을 쉽게 옮길 수 있게 했어요. 석빙고는 바닥에서부터 천장까지 높이가 5m에 이르지만 바닥을 깊이 팠기 때문에 지면에서부터 높이는 3m밖에 되지 않아요. 이 안에 짚이나 왕겨처럼 열을 잘 차단하는 재료로 얼음을 감싸서 쌓아 놓았어요.

석빙고를 만들 때도 열이 잘 전달되지 않는 화강암을 주로 썼어요. 그래도 조금씩 들어오는 더운 공기는 대류 현상에 따라 자연스럽게 굴뚝으로 빠져나가도록 했지요. 더운 공기는 찬 공기보다 가벼워서 두 공기가 만나면 더운 공기가 위로 올라간답니다. 얼음이 지면보다 낮은 위치에 있기 때문에 입구로 들어온 더운 공기는 아래쪽에 있는 찬 공기에 밀려 얼음을 만나지도 못하고 굴뚝으로 빠져나갔어요.

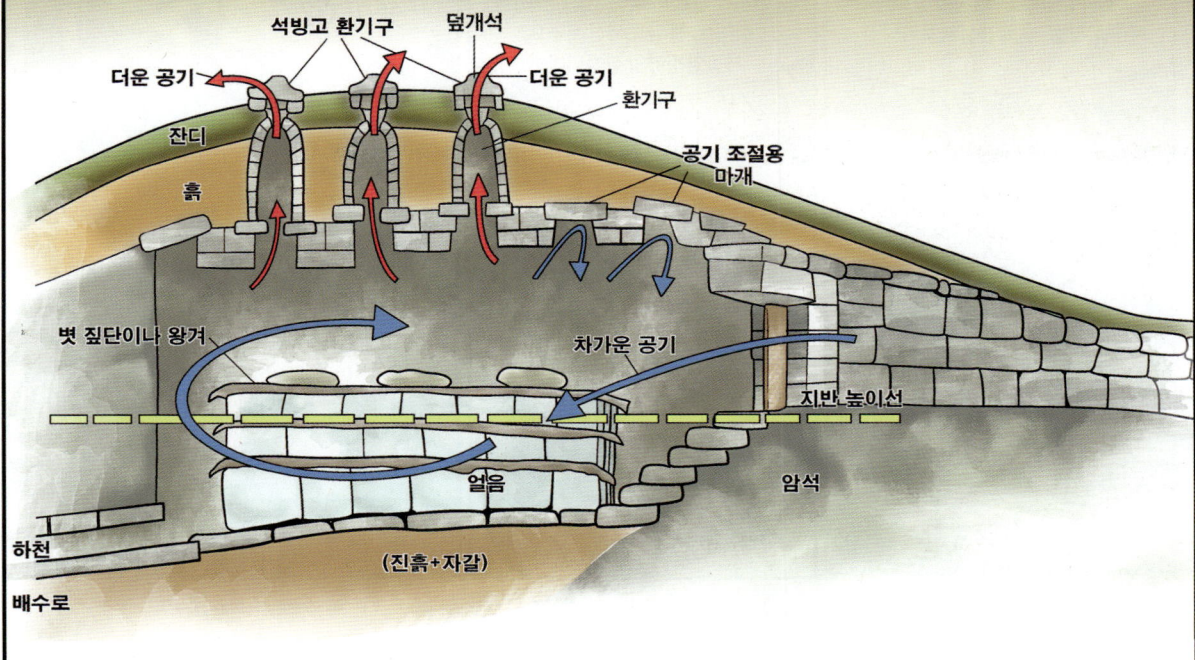

경주 석빙고 환기구 덮개석.

정말 있지요, 도련님? 히히.

청이가 은근히 똑똑하단 말이야.

口是傷人斧요 言是割舌刀니 閉口深藏舌이면 安身處處牢니라.
(구시상인부요 언시할설도니 폐구심장설이면 안신처처뢰니라.)

逢人且說三分話하되 未可全抛一片心이니 不怕虎生三個口요. 只恐人情兩樣心이니라
(봉인차설삼분화하되 미가전포일편심이니 불파호생삼개구요 지공인정양양심이니라.)

그…, 그…, 그게 무슨 뜻이지?

텅

입은 사람을 상하게 하는
도끼요, 말은 혀를 베는
칼이니,

사람을 만나거든
하고 싶은 말의
10분의 3만 하되
자기가 지니고 있는
한 조각 마음을 다
털어 버리지 말지니,
호랑이가 세 번
입을 벌리는 것을
두려워하지 말고,
오직 사람의 두 마음을
두려워할지니라.

입을 막고 혀를 깊이
감추면 몸이 어느 곳에
있어도 편안할 것이니라.

그…,
그래.

逢

난 그냥 칠판에
쓴 글자만 물어
봤을 뿐인데.

그런데 넌
이런 걸 언제
공부했니?

어머니와 8살 때
공부했습니다.

허억!
명심보감을
8살 때…!

예, 그 정도는
알아야…

궁중의 예법이나
궁중 요리서를
읽을 수 있지요.

오~오

뚜 뚜 뚜...

날세.

어이구, 요즘은 자주 전화하네. 또 어쩐 일인가?

여보세요? 이 사람아, 전화를 걸었으면 말을 해!

꾸벅

안녕하세요, 교장 선생님

안 되겠네.

뭐가?

생각시가 너무 나대는 것 같군.

이러다간 세자마마의 정체를 사람들이 알지도 모르겠어. 그러면 위험해.

네 이름이
청이라고 했지?

조선 시대
수라간에서 온
생각시라고?

예, 참이옵니다.
동무들은 아직
믿지 않지만요.

네.

그래, 그럼
내가 몇 가지만
물어보겠다.

만두의 우리식
표현은?

'상화' 또는
'쌍화'라고 하지요.

석결명(石決明)이란?

전복
입니다.

혹시
그럼 너,

송이증(松耳蒸)이라는
요리를 아니?

그럼요,
수라간 상궁님이
하시는 걸 본 적이
있습니다.

연한 송이버섯과
꿩, 닭, 기름장
그리고 여러
버섯류 재료를

항아리에
가득 채운 뒤,
진흙으로 겉을 발라
은근한 불속에
넣고 익히면

송이가 토란처럼
부드러워진다고
하옵니다.

맛있겠다~
냠 냠

…!

이 아이 정체가
뭐지? 정말
조선 시대에서…?

딩 동 댕
~♬
♪~

안녕히 가시어요,
훈장님.

으…, 응.
그래 또
보자.

탁 탁 탁

……

안녕하세요, 선생님?

에헴, 오냐.

어?

럼 칙

몇 반 선생님이지?

울라불라 레스토랑 셰프랑 정말 닮았네.

슈웅

이런, 또 저 녀석이야.

앗, 도련님. 어디를 그렇게 급하게 가시옵니까?

응, 실습 시간인데 늦었어.

맞다. 나 오늘 조리 실습이 있어서 많이 늦을 거야. 먼저 집에 가.

청아!

청아, 저녁 먹자!

아이 추워~.

두리번 두리번

호오

도련님이 많이 늦으시네.

끼익

앗, 도련님이다!

도련님!

콩콩콩

어, 청이야.

할머니랑 저녁은 먹었어?

아니요, 아직.

춥다, 이거 입어.

앗, 설마
나 기다린 거니?

헤헤.

아니옵니다,
괜찮은데….

찌릿

아니!

머리에 피도
안 마른 녀석이
벌써 여우짓을 하네.

오호홍

탁

탁

탁

기숙사로
보내!

안
되겠군.

더 이상 생각시를
세자마마와
가까이 있게
해서는….

하하하.

호호.

안 돼요!

뭐가?

아직 열 살 밖에 안 된 어린아이 라고요.

그런데 기숙사 생활을 시키는 건 너무 해요.

아이고오오오오

비가 오니 팔도 아프고 다리도 아프고 허리도 아프고 안 아픈 곳이 없네.

내가 전생에 무슨 죄를 져서 늘그막에 손주 녀석에다가 생각시 혹까지 생겨서 이 고생을 하나.

팍 팍 팍 팍

...

흥, 또 그러신다. 그래도 안 되는 건 안 돼요.

그럼 저도 기숙사에서 지낼게요.

그럼 할머니는 더 편하시잖아요.

퍽

이 녀석이!

당연히 요리 내기지. 그럼 이 할미랑 힘겨루기 할 테냐?

좋아, 그럼 이 할미하고 내기할까?

내기요?

?

불끈

그래, 지는 사람은 무조건 이긴 사람 말 듣기.

뭐, 음식 만들기만 아니면.

단, 요리는 네놈이 정해도 된다.

후훗, 진짜죠?

후회하기 없기에요. 나중에 딴소리하시면 안 돼요.

호호홍, 걸려들었구나.

긴~장

흥, 그러냐. 하지만 라면이라고 이 할미가 질 것 같으냐?

포기하세요. 인스턴트식품이라면 내가 최고거든요.

자랑이다.

그런데 할머니, 심판은 누가 봐요?

드르륵

허어억, 교장 선생님!

내가 연락했다.

무슨 라면 하나 끓이는데 교장 선생님까지….

출출하군, 그럼 시~,

짝!

짝

보글

보글

물이 끓는군.
면을 넣어야지.

후

할머니, 그거 알아요?
인류와 함께 한
'닭이 먼저냐 달걀이
먼저냐'는 질문?

그럼 라면을
끓일 때는 면이
먼저일까요,
스프가
먼저일까요?

왜 웃어?
이놈아.

으윽,
모르겠는데.

정답은
바로 스프!

라면의 맛을
결정하는 것은
물의 양, 불의 세기,
그리고 면발의
쫄깃함!

라면을 맛있게
끓이기 위해서는
우선 면을 넣기 전에
스프부터 넣어야
한다는 사실!
바로 끓는점
때문이지요.

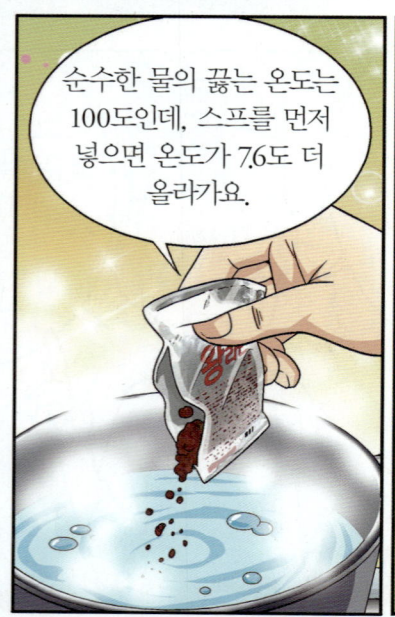

순수한 물의 끓는 온도는
100도인데, 스프를 먼저
넣으면 온도가 7.6도 더
올라가요.

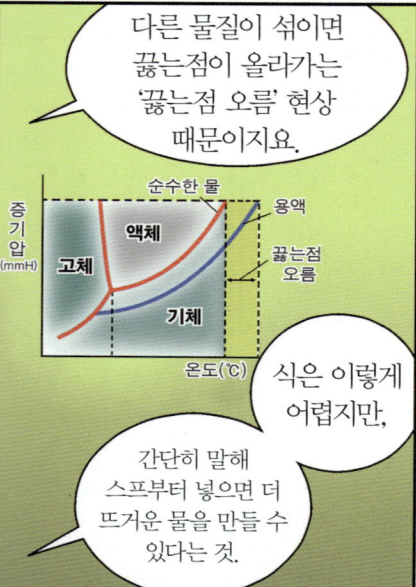

다른 물질이 섞이면
끓는점이 올라가는
'끓는점 오름' 현상
때문이지요.

증기
압
(mmHg)

순수한 물

용액

액체

고체

끓는점
오름

기체

온도(℃)

식은 이렇게
어렵지만,

간단히 말해
스프부터 넣으면 더
뜨거운 물을 만들 수
있다는 것.

이…, 이런
내가 그런
실수를.
노망이
들었나?

그럼 물이
뜨거워지면
라면 맛에는
무슨 변화가
있지?

높은 온도에서 라면을 끓일 수 있으니까 더 빨리 익고 스프의 향도 더 잘 배어들게 되지요.
오~, 스멜!
꼬르륵
꼬륵
딸각
달걀은 여기 있는데요, 할머니.
불을 끄기 직전에 넣으셔야 냄새가 안 나요.
그 정도는 아시죠?
앗, 저건 식…, 식초! 할머니 뭐하시는 거예요?
사과식초
라면에 식초를 넣는다고? 우웩엑~!
졸
졸

라면 대결의 승자가 밝혀지는 《요리스타 청》 2권을 기대해 주세요. 계속

정혜정 선생님의 요리 교실

오늘은 우리나라의 대표 간식! 바로 라면을 다뤄 볼 거예요. 어린이 친구들이 특히 좋아하는 라면은 사실 건강에 그리 좋은 음식은 아니에요. 나트륨이 과도하게 많이 들어 있어서 우리 몸의 영양 균형을 해치거든요. 그래도 라면이 꼭 먹고 싶은 친구들을 위해서 제가 특별히 준비한 요리가 있어요. 바로 국물과 기름기를 쏙 뺀 담백한 라면 피자! 야채와 치즈를 얹어 영양만점인 데다 라면의 맛을 120% 살려서 더욱 맛있는 라면 피자 만드는 비법, 지금 바로 공개합니다! -정혜정(전주 국제한식조리학교 교장)

라면 피자 만들기

❶

❷

❸

❹
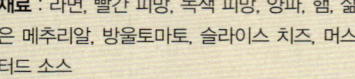

❺

❻

재료 : 라면, 빨간 피망, 녹색 피망, 양파, 햄, 삶은 메추리알, 방울토마토, 슬라이스 치즈, 머스터드 소스

❶ 재료를 깨끗이 씻어 준비한다. 라면은 시중에 파는 라면 사리를 준비한다.
❷ 끓는 물에 라면을 삶은 다음 찬물로 헹군다.
❸ 채소와 햄은 가로, 세로 1cm 크기로 썰고, 메추리알과 방울토마토는 반으로 자른다.
❹ 기름을 살짝 두른 팬에 피망과 양파, 햄을 볶는다.
❺ 삶은 면으로 둥글게 피자 모양을 만든 다음 야채 토핑을 얹는다.
❻ 머스터드 소스와 슬라이스 치즈를 올려 오븐에 5분 정도 구어 낸 다음 라면스프를 살짝 뿌리면 완성!

잠깐!

▶면은 너무 푹 삶으면 안 돼. 살짝 꼬들꼬들해야 먹기가 좋거든. 그리고 소스와 치즈는 좋아하는 걸로 자유롭게 사용하면 돼. 토핑으로 올리는 재료도 다양하게 바꿔가며 나만의 라면피자를 만들어 봐!

끓는점 오름이 뭐지?

청이를 기숙사에 보낼 것이냐를 두고 한울이와 할머니가 양보할 수 없는 한판 승부를 벌이고 있어요. 그런데 한울이가 선보이는 비장의 기술, 라면 스프 먼저 넣기에 숨은 비밀은 무엇일까요? 물 분자는 열에너지를 흡수해서 끓는점(100℃)에 도달하면 물 표면에서 수증기로 변신해 밖으로 튀어나가요. 그런데 이때 스프 분자가 주변에 있으면 물 분자가 밖으로 튀어나가는 길을 막아 방해해요. 스프 분자가 막고 있는 길을 뚫고 나가려면 물 분자는 더 큰 에너지가 필요하고, 그래서 순수한 물보다 더 많은 열을 흡수해 끓는점이 올라가는 것이랍니다.

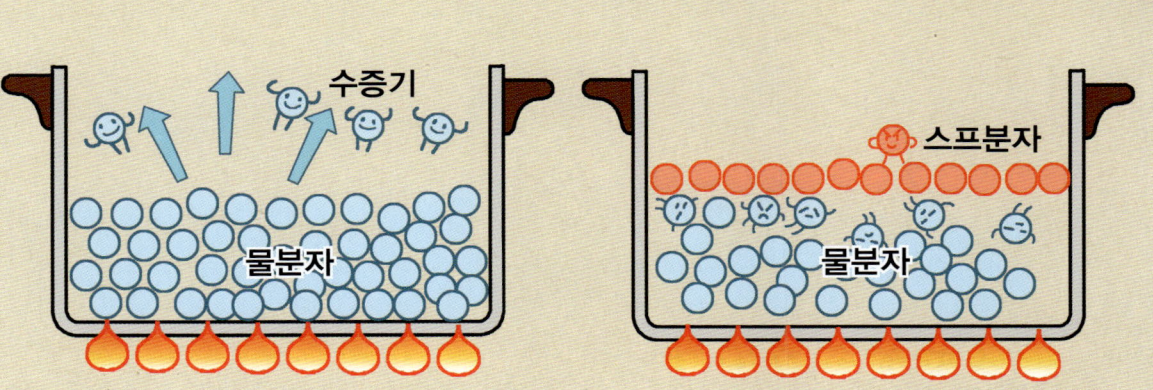

↑ 그릇에 들어 있는 물 분자가 열을 받고 수증기로 변신해 밖으로 튀어나가는 모습. 그런데 스프가 들어 있는 그릇에서는 물 분자가 밖으로 튀어나가다가 스프 분자에 부딪혀서 도로 물속으로 튕겨 들어온다.